高等职业教育"十四五"规划教材

执业兽医资格考试
考点精讲与实战训练

（第2版）

（兽医全科类）

高月林　主编

中国农业大学出版社
·北京·

内 容 简 介

本书可作为动物医学、畜牧兽医等相关专业执业兽医资格考试(兽医全科类)复习参考用书。全书按照执业兽医资格考试大纲进行编排,涵盖基础科目的兽医法律法规和职业道德、动物解剖学、组织学及胚胎学、动物生理学、动物生物化学、动物病理学、兽医药理学;预防科目的兽医微生物学与免疫学、兽医传染病学、兽医寄生虫病学、兽医公共卫生学;临床科目的兽医临床诊断学、兽医内科学、兽医外科与外科手术学、兽医产科学、中兽医学。综合应用科目内容分布在15科的介绍中。全书采用现代信息技术,将课程视频、课程习题、试题解析制成二维码,读者可以扫码学习、扫码答题、扫码查看习题解析。欢迎登录学银在线线上课程,与全国读者一起学习。

图书在版编目(CIP)数据

执业兽医资格考试考点精讲与实战训练 / 高月林主编. --2版. --北京:中国农业大学出版社,2025.3. --ISBN 978-7-5655-3427-0

Ⅰ.S85

中国国家版本馆CIP数据核字第2025KV3681号

书　　名　执业兽医资格考试考点精讲与实战训练　第2版

作　　者　高月林　主编

策划编辑　康昊婷　　**责任编辑**　康昊婷

封面设计　郑　川　李尘工作室

出版发行　中国农业大学出版社

社　　址　北京市海淀区圆明园西路2号　　**邮政编码**　100193

电　　话　发行部 010-62733489,1190　　读者服务部　010-62733489

编辑部 010-62732617,2618　　出　版　部　010-62733440

网　　址　http://www.caupress.cn　　**E-mail**　cbsszs@cau.edu.cn

经　　销　新华书店

印　　刷　北京溢漾印刷有限公司

版　　次　2025年3月第2版　　2025年3月第1次印刷

规　　格　185 mm×260 mm　　16开本　　10.25印张　　237千字

定　　价　69.00元

图书如有质量问题本社发行部负责调换

第2版前言

党的二十大报告强调“全面提高人才自主培养质量，着力造就拔尖创新人才，取天下英才而用之”。执业兽医资格考试作为农业农村部组织的专业准入考试，与执业医师、司法考试及注册会计师考试并称“四大国考”，是衡量兽医从业人员专业素养、技术能力和职业操守的核心标准。自2009年正式实施以来，这一制度不仅推动着我国兽医队伍建设的规范化进程，更为保障动物源性食品安全、防控人兽共患病、维护公共卫生安全筑起坚实屏障。在新修订的《中华人民共和国动物防疫法》与农业农村部《“十四五”全国畜牧兽医行业发展规划》指导下，考试制度持续优化，充分适应现代兽医事业发展需求。

相较第1版，本次修订深度对接2022—2025年《执业兽医资格考试大纲》的核心变化：新增动物生物安全三级实验室管理、兽用抗菌药减量化使用规范、宠物诊疗机构分级管理制度等前沿考点；强化人兽共患病防控技术、动物疫病区域化管控、兽医现场流行病学调查等重点模块；同步更新非洲猪瘟检测技术规范、新版兽药GSP验收标准、动物诊疗病历书写准则等12项法规标准。全书知识体系覆盖最新考纲要求的198个知识单元、829个考核细目、2 515个核心考点，较第一版新增6%的考核内容。

本书秉承“考学融合、智能赋能”的编撰理念，构建“三维立体备考体系”：一维知识图谱通过思维导图串联学科逻辑，新增考点标注系统，帮助考生快速定位15个高频新增模块；二维实战训练系统全面升级，按科目设置真题精析(含近5年机考真题)、错题收集强化板块，配套视频解析突破传统文字解析局限；三维智能学习平台实现革命性升级，新增智能测评系统，可根据考生作答数据生成个性化提升方案，支持万人同考实时排名。

本次修订着重强化配套资源全面升级，“纸质书-在线资源-学习平台”三位一体的学习系统：纸质教材配备讲解视频，扫码即可观看知识点讲解；线上班级新增名师直播答疑、模考数据分析服务；移动端APP集成碎片化时间学习功能，支持考点语音速记、错题智能筛选。读者可以登录学银在线：执业兽医资格考试辅导（xueyinonline.com)，与全国考生共同学习。

本书编写过程中承蒙中国兽医协会兽医职业技能发展分会、多所农业院校专家团队的技术指导，特别感谢历年考生通过线上平台提供的宝贵建议。尽管编者历时 18 个月进行三轮交叉审校，本书仍可能存在疏漏之处，恳请业界同仁与广大考生不吝指正。为构建动态更新机制，本书特别设立读者反馈机制，读者可通过专属验证码登录在线平台获取最新考纲解读与增补资料。

兽医职业承载着守护“同一个健康”的时代使命。期待本书能成为广大考生攀登职业高峰的云梯，助力更多优秀人才加入现代化兽医队伍，共同谱写我国兽医事业发展的新篇章。

高月林
2025 年 2 月

第1版前言

执业兽医资格考试是对兽医从业人员的一门准入考试，与执业医师考试、司法考试和注册会计师考试并列“四大国考”，是评价兽医从业人员是否具备执业所必需的专业知识、技能水平和职业道德的有效途径，实行执业兽医资格考试制度，是世界上多数国家和地区的普遍做法。《中华人民共和国动物防疫法》和《国务院关于推进兽医管理体制改革的若干意见》对推行执业兽医资格考试制度都做出明确规定并提出具体要求。执业兽医资格考试是提高兽医素质，规范执业兽医管理，适应新时期兽医工作需要的重要举措。

执业兽医资格考试由农业农村部组织，全国统一大纲、统一命题、统一机考，原则上每年举行 1 次，具体考试时间由全国执业兽医资格考试委员会确定，并提前 3 个月向社会公布。考试分兽医综合知识考试和临床技能考试两部分（目前全国执业兽医资格考试只考查兽医综合知识部分）。兽医综合知识考试包括 4 个科目，即基础科目、预防科目、临床科目、综合应用科目，内容涉及兽医学的 15 门专业课程以及与兽医相关的法律法规等。

为了夯实考生的理论基础，提高考生的实战能力，提升学习效果，顺利通过全国执业兽医资格考试，编者根据多年教学和临床实践经验，结合全国执业兽医资格考试大纲，总结归纳执业兽医资格考试应试指南中 197 个单元、813 个细目、2469 个要点，针对历年考试题目的出题特点、大纲内容的变化规律、考查内容的进化与调整，编写成《执业兽医资格考试考点精讲与实战训练》一书。本书具体内容包括考试章节知识结构思维导图，章节相关知识内容详解视频。知识结构思维导图帮助考生直观构建知识体系；知识内容详解视频针对考点细目详细讲解；配套分科目习题训练强化重点和难点的实际演练；紧跟出题者思路，透析考点出处，举一反三，辨析易错易混知识点，巩固学习成果，达到拓展解题思路，迅速正确答题，顺利通过考试的目的。本书可供参加全国执业兽医资格考试的考生使用，亦可作为高等职业院校相关学科老师和学生的参考资料，同时本书设立线上班级，读者可以通过扫码或邀请码加入班级，系统查看教材内容，讨论交流学习体会。

在编写本书时，编者虽然百般努力，力求广采博取，但由于水平所限，加之时间仓促，疏漏之处在所难免。在此，编者除向为本书提供资料、支持本书编写的同仁深表感谢外，还望各位前辈、广大考生和同行对不妥之处及时指出，以便以后有重印或再版机会时予以修订补充。

高月林
2021 年 7 月

目 录

第一单元

兽医法律法规和职业道德

一、《中华人民共和国动物防疫法》

《中华人民共和国动物防疫法》
- 1.《中华人民共和国动物防疫法》概述
- 2.动物疫病的预防
- 3.动物疫情的报告、通报和公布法律规定
- 4.动物疫病的控制和扑灭
- 5.动物和动物产品的检疫
- 6.动物诊疗
- 7.动物防疫监督管理
- 8.动物防疫保障措施
- 9.法律责任

知识点讲解

试题解析

二、动物防疫条件审查法律制度

- 动物防疫条件审查办法
  - 1.动物防疫条件审查范围、条件、程序
  - 2.动物防疫条件监督管理

知识点讲解　　试题解析

三、动物检疫管理法律制度

- 《动物检疫管理办法》
  - 1.动物检疫申报
  - 2.产地检疫
  - 3.屠宰检疫
  - 4.水产苗种产地检疫
  - 5.无规定动物疫病区动物检疫
  - 6.乳用种用动物检疫审批
  - 7.动物检疫监督管理

知识点讲解　　试题解析

四、执业兽医及诊疗机构管理制度

- 执业兽医及诊疗机构管理制度
  - 1.《执业兽医管理办法》
    - (1)《执业兽医管理办法》概述
    - (2)执业兽医资格考试
    - (3)执业注册和备案
    - (4)执业活动管理
    - (5)法律责任
  - 2.《动物诊疗机构管理办法》
    - (1)《动物诊疗机构管理办法》概述
    - (2)诊疗许可
    - (3)诊疗活动管理
    - (4)法律责任

知识点讲解　　试题解析

五、动物防疫其他规范性文件

- 动物防疫其他规范性文件
  - 1.《重大动物疫情应急条例》
    - (1)《重大动物疫情应急条例》概述
    - (2)应急准备法律制度
    - (3)监测、报告和公布法律制度
    - (4)应急处理法律制度
    - (5)法律责任
  - 2.国家突发重大动物疫情应急预案
    - (1)动物疫情分级
    - (2)工作原则
    - (3)应急组织体系
    - (4)疫情的监测、预警与报告
    - (5)疫情的应急响应和终止
    - (6)善后处理
    - (7)疫情应急处置的保障
    - (8)相关名词术语定义
  - 3.一、二、三类动物疫病病种名录
    - (1)一类动物疫病
    - (2)二类动物疫病
    - (3)三类动物疫病
  - 4.人兽共患传染病名录
  - 5.病死及死因不明动物处置办法
    - (1)适用范围
    - (2)报告规定
    - (3)禁止性规定
    - (4)人员防护

知识点讲解　　试题解析

六、兽药管理法律制度

- 兽药管理法律制度
  - 1.兽药管理条例
    - (1)《兽药管理条例》概述
    - (2)兽药经营
    - (3)兽药使用
    - (4)兽药监督管理
    - (5)法律责任
  - 2.兽药经营质量管理规范
    - (1)场所与设施
    - (2)机构与人员
    - (3)规章制度
    - (4)采购与入库
    - (5)陈列与储存
    - (6)销售与运输
    - (7)售后服务
  - 3.兽用处方药和非处方药管理办法
    - (1)兽药分类管理制度
    - (2)兽用处方药和非处方药标识制度
    - (3)兽用处方药经营制度
    - (4)兽医处方权制度
    - (5)兽医处方笺基本要求
    - (6)兽用处方药和非处方药监督管理制度
    - (7)法律责任
  - 4.兽用处方药品种目录
    - (1)抗微生物药
    - (2)抗寄生虫药
    - (3)中枢神经系统药物
    - (4)外周神经系统药物
    - (5)抗炎药
    - (6)泌尿生殖系统药物
    - (7)抗过敏药
    - (8)局部用药物
    - (9)解毒药
  - 5.兽用生物制品经营管理办法
    - (1)兽用生物制品的分发制度
    - (2)兽用生物制品的经营制度
    - (3)兽用生物制品的监督管理制度
  - 6.兽药标签和说明书管理办法
    - (1)兽药标签的基本要求
    - (2)兽药说明书的基本要求
    - (3)《兽药标签和说明书管理办法》中相关用语的含义
  - 7.特殊兽药的使用
    - (1)麻醉剂和精神药物使用规定
    - (2)兽药停药期规定
    - (3)不需制定停药期的兽药品种
    - (4)食品动物禁用的兽药及其化合物清单
    - (5)禁止在饲料和动物饮水中使用的药物品种目录
    - (6)禁止在饲料和动物饮水中使用的物质
    - (7)饲料药物添加剂使用规范

知识点讲解

试题解析

七、病原微生物安全管理法律制度

- 病原微生物安全管理法律制度
  - 1.病原微生物实验室生物安全管理条例
    - (1)动物病原微生物分类
    - (2)动物病原微生物实验室设立和管理
    - (3)动物病原微生物实验活动管理
    - (4)实验室感染控制
  - 2.动物病原微生物菌（毒）种或者样本运输包装规范和动物病原微生物菌（毒）种保藏管理办法
    - (1)动物病原微生物菌（毒）种或者样本运输包装规范
    - (2)民用航空运输动物病原微生物菌（毒）种及动物病料要求
    - (3)动物病原微生物菌（毒）种收集、保藏、供应、销售管理

知识点讲解　　试题解析

八、世界动物卫生组织(OIE)及其标准

- 世界动物卫生组织（OIE）及其标准
  - 1.简介
  - 2.主要任务
  - 3.OIE法定报告疫病名录

九、执业兽医职业道德

- 执业兽医职业道德
  - 1.执业兽医职业道德的概念和特征
  - 2.建设执业兽医职业道德的作用
  - 3.执业兽医的行为规范
  - 4.执业兽医的职业责任

第二单元

动物解剖学、组织学及胚胎学

一、解剖概述

- 概述
  - 1.细胞
    - (1)细胞的构造：细胞膜、细胞质、细胞核
    - (2)细胞的主要生命活动：分裂、分化、衰老、凋亡，细胞周期
  - 2.畜体各部位的名称
    - (1)头部
    - (2)躯干
    - (3)四肢
  - 3.解剖学常用的方位术语
    - (1)矢状面、水平面、横断面
    - (2)用于四肢的术语：掌侧、跖侧

知识点讲解

试题解析

二、骨骼

- 骨骼
  - 1.基本概念
    - (1)骨的构造
    - (2)化学成分
    - (3)病理特性
    - (4)畜体全身骨骼划分
  - 2.头骨
    - (1)组成：颅骨、面骨
    - (2)鼻旁窦的位置的形态特征
    - (3)牛、马、猪、犬头骨的特点
  - 3.躯干骨
    - (1)颈椎、胸椎、腰椎、荐椎、尾椎的特点
    - (2)肋骨的特点
    - (3)胸骨的特点
    - (4)胸廓
  - 4.四肢骨
    - (1)前肢骨的组成和牛、马、猪、犬前肢骨的特点
    - (2)后肢骨的组成和牛、马、猪、犬后肢骨的特点
    - (3)骨盆

知识点讲解　　试题解析

三、关节

- 关节
  - 1.基本概念——骨连接的分类、关节的结构
  - 2.四肢关节
    - (1)前肢关节的组成与结构特点
    - (2)后肢关节的组成与结构特点
  - 3.躯干关节——脊柱连结的结构与特点

知识点讲解　　试题解析

四、肌肉

- 肌肉
  - 1.基本概念
    - (1)肌肉的结构
    - (2)肌肉的辅助结构：筋膜、腱鞘、黏液囊(滑膜囊)
  - 2.头部肌　咬肌的位置与结构特点
  - 3.躯干肌
    - (1)脊柱肌、胸廓肌、肋间肌、膈、腹壁肌的位置与结构特点
    - (2)腹股沟管的位置与结构特点
    - (3)髂肋肌沟的位置
  - 4.四肢肌
    - (1)前肢肌的组成与结构特点
    - (2)后肢肌的组成与结构特点
    - (3)跟(总)腱

知识点讲解　　试题解析

五、被皮

- 被皮
  - 1.皮肤——表皮、真皮和皮下组织的结构特点
  - 2.乳房
    - (1)位置、形态结构
    - (2)牛、马、猪、犬乳房的结构特点
  - 3.蹄
    - (1)形态结构
    - (2)牛、马、猪的蹄及犬爪的结构特点

知识点讲解　　试题解析

六、内脏

- 基本概念
  - 1.内脏器官的结构特点
  - 2.胸膜与胸膜腔
  - 3.腹膜与腹膜腔

知识点讲解

试题解析

七、消化系统

- 消化系统
  - 1.口腔
    - (1)组成：唇、颊、硬腭、软腭、舌、齿、唾液腺
    - (2)牛、马、猪、犬口腔的结构特点
  - 2.咽——位置、结构，马咽的特点
  - 3.食管——位置、结构
  - 4.胃
    - (1)反刍动物胃（瘤胃、网胃、瓣胃和皱胃）的位置、形态和组织结构，大网膜和小网膜
    - (2)单室胃（马、猪、犬）的位置、形态和组织结构
  - 5.肠
    - (1)小肠（十二指肠、空肠和回肠）的位置、形态和组织结构
    - (2)大肠（盲肠、结肠和直肠）的位置、形态和组织结构
  - 6.肝和胰
    - (1)肝和胰的位置、形态和组织结构
    - (2)牛、马、猪、犬肝和胰的特点

知识点讲解

试题解析

八、呼吸系统

- 呼吸系统
  - 1.鼻
    - (1)鼻腔的结构
    - (2)鼻盲囊
  - 2.喉
    - (1)喉软骨的组成与结构特点
    - (2)声带的位置
  - 3.气管和支气管——位置、结构特点
  - 4.肺
    - (1)肺的位置、形态和组织结构
    - (2)牛、马、猪、犬肺的形态特点

知识点讲解　　试题解析

九、泌尿系统

- 泌尿系统
  - 1.肾
    - (1)肾的位置、形态和组织结构
    - (2)牛、马、猪、犬肾的类型和结构特点
  - 2.输尿管——位置、结构特点
  - 3.膀胱
    - (1)位置、结构特点
    - (2)幼龄动物膀胱的位置特点
  - 4.尿道
    - (1)雄性尿道的位置、结构特点
    - (2)雌性尿道的位置、结构特点
    - (3)尿道下憩室

知识点讲解　　试题解析

十、生殖系统

- 生殖系统
  - 1.雄性生殖器官
    - (1)雄性生殖系统的组成
    - (2)牛、马、猪、犬睾丸、附睾的位置、形态与组织结构特点
    - (3)输精管壶腹
    - (4)牛、羊、马、猪、犬副性腺的形态特点
    - (5)牛、马、猪、犬阴茎的形态特点
    - (6)阴囊的结构
  - 2.雌性生殖器官
    - (1)雌性生殖系统的组成
    - (2)牛、马、猪、犬卵巢的位置、形态和组织结构
    - (3)子宫的位置、形态和各种动物(牛、马、猪、犬)子宫的形态结构特点
    - (4)阴道穹窿的形态特点

知识点讲解　　试题解析

十一、心血管系统

- 心血管系统
  - 1.心
    - (1)心的形态、位置和结构
    - (2)心传导系统的组成
    - (3)心包的结构
    - (4)心肌的特点
  - 2.肺循环——肺动脉与肺静脉
  - 3.体循环
    - (1)主动脉及其主要分支
    - (2)大静脉：前腔静脉、后腔静脉、颈静脉、肝门静脉、奇静脉
    - (3)四肢静脉的特点：头静脉、隐静脉
  - 4.微循环
    - (1)组成
    - (2)结构特点

知识点讲解　　试题解析

十二、淋巴系统

- 淋巴系统
  - 1.组成
    - (1)淋巴管
    - (2)淋巴组织
    - (3)淋巴器官
  - 2.中枢淋巴器官——胸腺的位置、形态与结构特点
  - 3.周围淋巴器官
    - (1)脾的位置、形态与组织结构特点
    - (2)扁桃体的位置、形态与组织结构特点
    - (3)主要浅在淋巴结的位置、形态与组织结构特点
    - (4)腹腔内淋巴结的位置与形态特点

知识点讲解　　试题解析

十三、神经系统

- 神经系统
  - 1.基本概念
    - (1)神经的定义
    - (2)中枢神经系统和外周神经系统的组成
  - 2.脊髓
    - (1)位置和形态
    - (2)结构特点
  - 3.脑
    - (1)大脑的结构特点
    - (2)小脑的结构特点
    - (3)脑干的结构特点
  - 4.脑神经——十二对脑神经的主要分支和支配的器官
  - 5.脊神经
    - (1)脊神经的组成
    - (2)臂神经丛：肩胛上神经、桡神经、正中神经、尺神经
    - (3)腰荐神经丛：坐骨神经、闭孔神经、股神经
    - (4)腹壁神经：肋腹神经、髂腹下神经、髂腹股沟神经
  - 6.植物性神经
    - (1)植物性神经的概念及其特点
    - (2)交感神经的来源、分支与分布
    - (3)副交感神经的来源、分支与分布

知识点讲解　　试题解析

十四、内分泌系统

- 内分泌系统
  - 1.内分泌系统的概念及其组成
  - 2.内分泌器官的位置与结构特点

知识点讲解

试题解析

十五、感觉器官

- 感觉器官
  - 1.眼
    - (1)眼球壁的结构
    - (2)眼球的内含物
    - (3)眼球的辅助结构：眼睑、眼球肌、泪器
  - 2.耳——外耳、中耳和内耳的形态与结构特点

知识点讲解

试题解析

十六、家禽解剖特点

家禽解剖特点

- 1.消化系统的特点
  - (1)口腔的特点
  - (2)嗉囊的特点
  - (3)腺胃和肌胃的特点
  - (4)小肠和大肠的特点
  - (5)盲肠扁桃体和泄殖腔的结构特点
- 2.呼吸系统的特点——鸣管、气囊和肺的特点
- 3.泌尿系统的特点——家禽泌尿系统的组成和特点(肾、输尿管)
- 4.公禽生殖器官的特点——睾丸、附睾、输精管和交配器官的特点
- 5.母禽生殖器官的特点——卵巢和输卵管的特点
- 6.淋巴器官的特点
  - (1)胸腺、脾脏的结构特点
  - (2)法氏囊的位置和结构特点
  - (3)肠道淋巴集结的结构特点
- 7.神经系统的特点——坐骨神经的位置特征

知识点讲解

试题解析

十七、胚胎学

胚胎学

- 1.胎盘与胎膜
  - (1)胎盘的类型与功能
  - (2)胎膜的组成
- 2.胚胎的发育
  - (1)受精
  - (2)家畜早期胚胎发育
  - (3)家禽早期胚胎发育
- 3.胎儿血液循环的特点
  - (1)出生前心血管系统的结构特点：脐带、卵圆孔、动脉导管
  - (2)出生后心血管系统的变化

知识点讲解

第三单元
动物生理学

一、生理概述

- 概述
  - 1.机体功能与环境
    - (1)体液与内环境
    - (2)稳态与生理活动的关系
  - 2.机体功能的调节
    - (1)机体功能调节的基本方式
    - (2)反射、反射弧与机体功能的调节

知识点讲解　　试题解析

二、细胞的基本功能

- 细胞的基本功能
  - 1.细胞的兴奋性和生物电现象
    - (1)静息电位、动作电位的产生
    - (2)细胞兴奋性与兴奋、阈强度
    - (3)极化、去极化、复极化、超极化、阈电位
  - 2.骨骼肌的收缩功能
    - (1)神经——骨骼肌接头处的兴奋传递
    - (2)骨骼肌的兴奋——收缩偶联

知识点讲解　　试题解析

三、血液生理

- 血液
  - 1.血液的组成与特性
    - (1)血量、血液的基本组成、血细胞比容
    - (2)血液的理化性质
  - 2.血浆
    - (1)血浆与血清的区别
    - (2)血浆的主要成分
    - (3)血浆蛋白的功能
    - (4)血浆渗透压
  - 3.血细胞
    - (1)红细胞的形态和数量、渗透脆性、血沉、红细胞的生理功能
    - (2)红细胞生成所需的主要原料及辅助因子
    - (3)红细胞生成的调节
    - (4)白细胞的种类、数量及各种白细胞的生理功能
    - (5)血小板的形态、数量及生理功能
  - 4.血液凝固和纤维蛋白溶解
    - (1)血液凝固的基本过程
    - (2)纤维蛋白溶解系统
    - (3)抗凝物质及其作用
    - (4)加速和减缓血液凝固的基本原理和措施

知识点讲解　　　　试题解析

四、循环生理

- 血液循环
  - 1.心脏的泵血功能
    - (1)心动周期和心率
    - (2)心脏泵血过程
    - (3)心输出量及其影响因素、射血分数、心指数
  - 2.心肌的生物电现象和生理特性
    - (1)心肌的基本生理特性
    - (2)心肌细胞动作电位的特点(与神经动作电位相比较)及其与功能的关系
    - (3)正常心电图的波形及其生理意义
    - (4)心音
  - 3.血管生理
    - (1)影响动脉血压的主要因素
    - (2)中心静脉压、静脉回心血量及其影响因素
    - (3)微循环的组成及作用
    - (4)组织液的生成及影响因素
  - 4.心血管活动的调节
    - (1)心交感神经和心迷走神经对心脏和血管功能的调节
    - (2)调节心血管活动的压力感受性反射和化学感受性反射
    - (3)肾上腺素和去甲肾上腺素对心血管功能的调节

知识点讲解　　试题解析

五、呼吸生理

- 呼吸
  - 1.肺的通气功能
    - (1)胸内压
    - (2)肺通气的动力和阻力
    - (3)肺容积和肺容量
    - (4)肺通气量
  - 2.气体交换与运输
    - (1)肺泡与血液以及组织与血液间气体交换的原理和主要影响因素
    - (2)氧和二氧化碳在血液中运输的基本方式
  - 3.呼吸运动的调节
    - (1)神经反射性调节
    - (2)体液调节

知识点讲解　　试题解析

六、采食、消化和吸收

- 采食、消化和吸收
  - 1.口腔消化
    - (1)马、牛、羊、猪和犬的采食方式
    - (2)唾液的组成和功能
  - 2.胃的消化功能
    - (1)胃运动的主要方式
    - (2)胃液的主要成分和作用
    - (3)反刍与嗳气
    - (4)反刍动物前胃的消化
  - 3.小肠的消化与吸收
    - (1)小肠运动的基本方式
    - (2)胰液和胆汁的性质、主要成分和作用
    - (3)主要营养物质在小肠内的吸收
  - 4.胃肠功能的调节
    - (1)胃液分泌的体液调节
    - (2)交感和副交感神经对消化活动的主要调节作用

知识点讲解　　　　试题解析

七、能量代谢和体温

- 能量代谢和体温
  - 1.能量代谢——基础能量代谢和静止能量代谢及在实践中的应用
  - 2.体温
    - (1)动物散热的主要方式
    - (2)动物维持体温相对恒定的基本调节方式

知识点讲解　　　　试题解析

八、尿的生成和排出

- 尿的生成和排出
  - 1.尿的生成
    - (1)肾小球的滤过功能
    - (2)有效滤过压
    - (3)肾小管与集合管的重吸收和分泌功能
  - 2.影响尿生成的因素
    - (1)影响肾小球滤过的因素
    - (2)影响肾小管重吸收的因素
    - (3)抗利尿激素对尿液生成的调节
    - (4)肾素-血管紧张素-醛固酮系统对尿液生成的调节
  - 3.尿的排出
    - (1)尿液的浓缩与稀释
    - (2)排尿反射

知识点讲解　　试题解析

九、神经生理

- 神经系统
  - 1.神经元的活动
    - (1)神经纤维传导兴奋的特征
    - (2)突触的种类及突触传递的基本特征
    - (3)神经递质、肾上腺素能受体、胆碱能受体的功能、种类及其分布
  - 2.脑的高级功能——非条件反射与条件反射的区别及其意义
  - 3.神经系统的感觉功能
    - (1)感受器的功能
    - (2)脊髓、丘脑与大脑皮层在感觉形成过程中的作用
    - (3)视觉、听觉、味觉、嗅觉的形成
  - 4.神经系统对躯体运动的调节
    - (1)脊髓反射
    - (2)肌紧张、腱反射和骨骼肌的牵张反射
    - (3)大脑皮层运动区的特点
  - 5.神经系统对内脏功能的调节——交感神经和副交感神经调节内脏功能
    - (1)主要递质
    - (2)受体和功能
    - (3)功能

知识点讲解　　试题解析

十、内分泌生理

- 内分泌
  - 1.概述
    - (1)激素及激素的分类
    - (2)内分泌、旁分泌、自分泌与神经内分泌及其对生理功能的调节
  - 2.下丘脑的内分泌功能——下丘脑激素的种类及其主要功能
  - 3.垂体的内分泌功能——腺垂体激素和神经垂体激素的种类及其生理功能
  - 4.甲状腺激素
    - (1)甲状腺激素的主要生理功能
    - (2)甲状腺激素分泌的调节
  - 5.甲状旁腺激素和降钙素
    - (1)甲状旁腺激素的作用及其分泌的调节
    - (2)降钙素的作用及其分泌的调节
  - 6.肾上腺激素——糖皮质激素和盐皮质激素的主要功能及其分泌的调节
  - 7.胰岛激素——胰岛素和胰高血糖素的作用及分泌的调节
  - 8.松果腺激素与前列腺素
    - (1)松果腺分泌的激素及其主要功能
    - (2)前列腺素的分类及其主要功能
  - 9.胎盘激素——胎盘激素的分泌及其主要功能

知识点讲解

试题解析

十一、生殖和泌乳生理

- 生殖和泌乳
  - 1.雄性生殖
    - (1)睾丸的主要功能
    - (2)雄激素的来源及生理功能
    - (3)雄激素分泌的调节
  - 2.雌性生殖
    - (1)卵巢的主要功能
    - (2)雌激素与孕激素的来源及生理功能
    - (3)雌激素与孕激素分泌的调节
  - 3.泌乳
    - (1)乳的生成过程及乳分泌的调节
    - (2)排乳及其调节

知识点讲解

试题解析

第四单元

动物生物化学

一、蛋白质化学及其功能

- 蛋白质化学及其功能
  - 1.蛋白质的功能与化学组成
    - (1)蛋白质的生物学功能
    - (2)蛋白质的基本结构单位——氨基酸（分子结构、分类，如含硫氨基酸、支链氨基酸、必需氨基酸等概念及种类）
  - 2.蛋白质的结构
    - (1)肽和肽键
    - (2)蛋白质的一级结构
    - (3)蛋白质的高级结构
  - 3.蛋白质结构与功能的关系
    - (1)蛋白质的变性
    - (2)蛋白质的变(别)构
  - 4.蛋白质的理化性质与分析检测技术
    - (1)蛋白质的理化性质
    - (2)蛋白质的分析分离方法
    - (3)蛋白质的定量检测方法

知识点讲解

试题解析

二、生物膜与物质的过膜运输

- 生物膜与物质的过膜运输
  - 1.生物膜的化学组成
    - (1)膜脂
    - (2)膜蛋白
    - (3)膜糖
  - 2.生物膜的特点
    - (1)膜的运动性
    - (2)膜脂的流动性与相变
  - 3.物质的过膜运输
    - (1)小分子与离子的过膜转运
    - (2)大分子物质的过膜转运

知识点讲解　　　　试题解析

三、酶

- 酶
  - 1.酶分子结构
    - (1)酶的化学本质
    - (2)酶的化学组成
    - (3)酶的辅助因子
    - (4)酶的分子结构
  - 2.酶的催化作用
    - (1)酶的催化特点
    - (2)酶的催化机理
    - (3)酶活性及其测定
  - 3.酶的结构与功能的关系
    - (1)酶的活性中心与必需基因
    - (2)酶原与酶原的激活
  - 4.影响酶促反应的因素
    - (1)底物浓度和酶浓度的影响
    - (2)pH和温度的影响
    - (3)抑制剂的影响
    - (4)激活剂的影响
  - 5.酶的调节
    - (1)反馈调节
    - (2)同工酶
    - (3)变(别)构调节
    - (4)共价修饰调节
  - 6.酶的实际应用
    - (1)酶与动物健康的关系
    - (2)酶与动物生产的关系

知识点讲解　　　　试题解析

四、糖代谢

- 糖代谢
  - 1.糖的生理功能
    - (1)糖的生理功能
    - (2)动物机体糖的来源和去路
    - (3)血糖
  - 2.葡萄糖的分解代谢
    - (1)糖酵解途径及其生理意义
    - (2)有氧氧化途径及其生理意义
    - (3)磷酸戊糖途径及其生理意义
  - 3.糖异生作用
    - (1)糖异生的反应过程
    - (2)糖异生的生理意义
    - (3)乳酸循环
  - 4.糖原的分解与合成
    - (1)糖原的分解
    - (2)糖原的合成

知识点讲解　　　　试题解析

五、生物氧化

- 生物氧化
  - 1.动物机体的能量来源及转换
    - (1)动物生理活动的能量来源
    - (2)高能磷酸化合物和ATP
  - 2.呼吸链
    - (1)呼吸链的组成
    - (2)NADH呼吸链和$FADH_2$呼吸链
  - 3.ATP的生成
    - (1)底物磷酸化作用
    - (2)氧化磷酸化作用

知识点讲解　　　　试题解析

六、脂类代谢

- 脂类代谢
  - 1.脂类及其生理功能
    - (1)脂类的分类
    - (2)脂类的生理功能
  - 2.脂肪的分解代谢
    - (1)脂肪的动员
    - (2)甘油的分解代谢
    - (3)长链脂肪酸的β-氧化过程
    - (4)酮体的生成与利用
    - (5)丙酸的代谢
  - 3.脂肪合成
    - (1)脂肪酸的合成
    - (2)三酰甘油（甘油三酯）的合成
  - 4.类脂的代谢
    - (1)磷脂的代谢
    - (2)胆固醇的合成代谢与转变
  - 5.血脂
    - (1)血脂及其运输方式
    - (2)血浆脂蛋白的分类与功能

知识点讲解

试题解析

七、含氮小分子代谢

- 含氮小分子代谢
  - 1.动物体内氨基酸的来源与去路
    - (1)氨基酸的来源
    - (2)氨基酸的主要代谢去路
  - 2.氨基酸的一般分解代谢
    - (1)脱氨基作用
    - (2)脱羧基作用
  - 3.氨的代谢
    - (1)氨的来源与去路
    - (2)氨的转运
    - (3)尿素的合成——尿素循环及其意义
    - (4)尿酸
  - 4.α-酮酸的代谢与非必需氨基酸的合成
    - (1)α-酮酸的代谢
    - (2)非必需氨基酸的合成
    - (3)个别氨基酸的代谢转变
  - 5.核苷酸代谢
    - (1)嘌呤核苷酸和嘧啶核苷酸的合成
    - (2)嘌呤核苷酸和嘧啶核苷酸的分解

知识点讲解　　试题解析

八、物质代谢的相互联系和调节

- 物质代谢的相互联系和调节
  - 1.物质代谢的相互联系
    - (1)糖代谢与脂代谢的联系
    - (2)糖代谢与氨基酸代谢的联系
    - (3)脂代谢与氨基酸代谢的联系
    - (4)核苷酸在物质代谢中的作用
  - 2.细胞调节代谢的信号传导方式
    - (1)信号分子、受体与信号传导分子
    - (2)与膜受体相联系的细胞信号通路
    - (3)与胞内受体相联系的细胞信号通路

知识点讲解　　试题解析

九、核酸的功能与研究技术

- 核酸的功能与研究技术
  - 1.核酸化学
    - (1)核酸的种类与分布
    - (2)核酸的化学组成
    - (3)核酸的结构
    - (4)核酸的主要理化性质
  - 2.DNA的复制
    - (1)中心法则
    - (2)复制的半保留性
    - (3)主要的复制酶
    - (4)DNA的损伤与修复方式
  - 3.RNA的转录
    - (1)转录的概念
    - (2)转录有关的酶与转录后加工
    - (3)逆转录作用
  - 4.蛋白质的翻译
    - (1)翻译系统
    - (2)mRNA与遗传密码
    - (3)tRNA的功能
    - (4)rRNA与核糖体
    - (5)翻译过程
  - 5.核酸研究技术
    - (1)核酸工具酶
    - (2)分子杂交技术
    - (3)聚合酶链式反应
    - (4)动物转基因技术

知识点讲解　　　　试题解析

十、水、无机盐与酸碱平衡

- 水、无机盐与酸碱平衡
  - 1.体液
    - (1)体液的容量与分布
    - (2)体液电解质的组成特点
    - (3)体液渗透压
    - (4)体液间的交流
  - 2.水的代谢
    - (1)水的生理作用
    - (2)水平衡
  - 3.钠、钾的代谢
    - (1)钠、钾的分布与生理功能
    - (2)水与钠、钾的代谢及调节
  - 4.体液的酸碱平衡
    - (1)体液的酸碱度及酸碱平衡
    - (2)体液酸碱平衡的调节
  - 5.钙、磷代谢
    - (1)钙、磷的分布与生理功能
    - (2)血钙与血磷
    - (3)钙、磷在骨中的沉积与动员

知识点讲解

试题解析

十一、器官和组织的生物化学

- 器官和组织的生物化学
  - 1.红细胞的代谢
    - (1)血红蛋白的代谢
    - (2)红细胞中的糖代谢
    - (3)血红素的代谢
  - 2.肝脏的代谢
    - (1)肝脏在物质代谢中的作用
    - (2)肝脏的生物转化作用
    - (3)肝脏的排泄作用
  - 3.肌肉收缩的生化机制
    - (1)肌纤维与肌原纤维
    - (2)肌球蛋白和粗丝
    - (3)肌动蛋白和细丝
    - (4)肌肉收缩与ATP的供应
  - 4.大脑和神经组织的生化
    - (1)大脑的能量需求
    - (2)大脑中氨的代谢
  - 5.结缔组织生化
    - (1)纤维与胶原蛋白
    - (2)基质与糖胺聚糖

知识点讲解

试题解析

第五单元
动物病理学

一、动物疾病

- 动物疾病
  - 1.概述
    - (1)动物疾病的概念及特点
    - (2)动物疾病的经过、分期及特点
    - (3)动物疾病的转归
  - 2.病因学概论
    - (1)疾病发生的外因
    - (2)疾病发生的内因
    - (3)影响疾病发生的因素

知识点讲解

试题解析

二、组织与细胞损伤

- 组织与细胞损伤
  - 1.变性
    - (1)细胞肿胀的概念、原因和发病机理、病理变化及结局
    - (2)脂肪变性和脂肪浸润的概念、原因和发病机理、病理变化及结局
    - (3)玻璃样变性的概念、原因和发病机理、病理变化及结局
    - (4)淀粉样变性的概念、原因、病理变化及结局
  - 2.细胞死亡
    - (1)细胞死亡的类型及概念
    - (2)细胞凋亡与细胞坏死的区别
    - (3)细胞坏死的基本病理变化
    - (4)细胞坏死的类型及特点
    - (5)细胞坏死的结局

知识点讲解　　试题解析

三、病理性物质沉着

- 病理性物质沉着
  - 1.钙化
    - (1)概念
    - (2)类型、原因和发病机理
    - (3)对机体的影响
  - 2.黄疸
    - (1)概念
    - (2)类型、原因和发病机理
    - (3)对机体的影响
  - 3.含铁血黄素沉着
    - (1)概念
    - (2)类型、原因和发病机理
    - (3)病理变化
  - 4.糖原沉着
    - (1)概念
    - (2)类型、原因和发病机理
    - (3)病理变化
  - 5.尿酸盐沉着
    - (1)概念
    - (2)原因和发病机理
    - (3)病理变化
    - (4)对机体的影响

知识点讲解　　试题解析

四、血液循环障碍

- 血液循环障碍
  - 1.充血
    - (1)概念和类型
    - (2)肝瘀血原因、发生机理、病理变化及结局
    - (3)肺瘀血原因、发生机理、病理变化及结局
    - (4)肾瘀血原因、发生机理、病理变化及结局
  - 2.出血
    - (1)概念、类型及原因
    - (2)病理变化
    - (3)对机体的影响
  - 3.血栓形成
    - (1)血栓形成的概念和血栓的类型
    - (2)血栓形成的条件
    - (3)对机体的影响
  - 4.栓塞
    - (1)栓塞与栓子的概念
    - (2)栓子运行途径
    - (3)栓塞的类型及对机体的影响
  - 5.梗死
    - (1)概念
    - (2)类型及病理变化
  - 6.弥散性血管内凝血
    - (1)概念
    - (2)发生原因及机理
    - (3)对机体的影响
  - 7.休克
    - (1)概念
    - (2)原因、分类及发生机理
    - (3)休克的分期及特点
    - (4)对机体的影响

知识点讲解　　试题解析

五、细胞、组织的适应与修复

- 细胞、组织的适应与修复
  - 1.适应
    - (1)增生的概念
    - (2)萎缩的概念、分类及结局
    - (3)肥大的概念、分类
    - (4)化生的概念、原因及结局
  - 2.修复
    - (1)再生的概念及影响因素
    - (2)各种组织的再生
    - (3)肉芽组织的概念、形态结构和功能

知识点讲解

试题解析

六、水盐代谢及酸碱平衡紊乱

- 水盐代谢及酸碱平衡紊乱
  - 1.水肿
    - (1)概念
    - (2)水肿的基本发生机理及其病理变化
    - (3)对机体的影响
  - 2.脱水
    - (1)概念
    - (2)类型、原因及特点
  - 3.酸碱平衡紊乱
    - (1)酸中毒的概念、分类、特点及结局
    - (2)碱中毒的概念、分类、特点及结局
    - (3)混合性酸碱平衡紊乱的概念及特点

知识点讲解

试题解析

七、缺氧

- 缺氧
  - 1.概述
    - (1)缺氧的概念
    - (2)缺氧的类型、原因及主要特点
  - 2.缺氧的病理变化
    - (1)细胞和组织的变化
    - (2)呼吸系统的变化
    - (3)循环系统的变化
    - (4)中枢神经系统的变化

知识点讲解　　试题解析

八、发热

- 发热
  - 1.概述
    - (1)发热的概念和原因
    - (2)致热原的概念及分类
  - 2.发热的经过
    - (1)发热的分期及特点
    - (2)发热对机体的影响

知识点讲解　　试题解析

九、应激与疾病

- 应激与疾病
  - 1.概述
    - (1)应激的概念
    - (2)应激原
  - 2.应激反应的基本表现
    - (1)应激的分期
    - (2)应激时机体神经的内分泌反应
    - (3)应激时的细胞反应
  - 3.应激时机体的代谢和功能变化
    - (1)物质代谢改变
    - (2)心血管功能变化
    - (3)消化系统结构及功能改变
    - (4)免疫功能的改变

知识点讲解

试题解析

十、炎症

- 炎症
  - 1.概述
    - (1)概念
    - (2)炎症局部的基本表现
  - 2.炎症局部的基本病理变化
    - (1)变质
    - (2)渗出
    - (3)增生
    - (4)炎性细胞的种类及其主要功能
    - (5)炎症介质
  - 3.炎症的类型
    - (1)变质性炎
    - (2)渗出性炎
    - (3)增生性炎
  - 4.炎症时机体的变化及结局
    - (1)炎症时机体的变化
    - (2)炎症的结局

知识点讲解

试题解析

十一、败血症

- 败血症
  - (1)概念
  - (2)原因及发病机理
  - (3)病理变化
  - (4)结局及对机体的影响

知识点讲解

试题解析

十二、肿瘤

- 肿瘤
  - 1.概述
    - (1)概念
    - (2)肿瘤的一般形态与结构
    - (3)肿瘤的异型性
    - (4)肿瘤的生长
    - (5)肿瘤的扩散
  - 2.肿瘤的命名与分类
    - (1)肿瘤的命名原则
    - (2)肿瘤的分类
    - (3)良性肿瘤与恶性肿瘤的区别
    - (4)肿瘤对机体的影响
    - (5)畜禽常见肿瘤举例

知识点讲解

试题解析

十三、器官系统病理学概论

器官系统病理学概论

- 1.呼吸系统病理
  - (1)气管炎的病理特征
  - (2)小叶性肺炎(支气管肺炎)发病机制和病变特点
  - (3)大叶性肺炎(纤维蛋白性肺炎)发病机制和病变特点
  - (4)间质性肺炎(非典型性肺炎)发病机制和病变特点
- 2.消化系统病理
  - (1)胃、肠溃疡的病变特点
  - (2)胃、肠炎的类型及病变特点
  - (3)肝炎的类型及其病变特点(包括肝周炎)
  - (4)肝硬化(发病机理及病变特点)
  - (5)胰腺炎的发病机理及病变特点
- 3.心血管系统病理
  - (1)心包炎的概念及病理特点
  - (2)心肌炎的概念及病变特点
  - (3)心内膜炎的概念及病变特点
  - (4)心肌病
  - (5)心力衰竭(心功能不全)
- 4.泌尿生殖系统病理
  - (1)肾炎的分类及病变特点
  - (2)肾病的病因及病变特点
  - (3)肾功能不全和尿毒症
  - (4)膀胱炎的类型及病变特点
  - (5)子宫内膜炎的类型及病变特点
  - (6)睾丸炎的类型及病变特点
- 5.免疫系统病理
  - (1)脾炎类型及病变特点
  - (2)淋巴结炎的类型及病变特点
  - (3)法氏囊炎的病变特点
  - (4)扁桃体及黏膜相关淋巴组织常见病变
- 6.神经系统病理
  - (1)脑炎的分类及病变特点
  - (2)脑软化的病因及病变特点
  - (3)脑膜炎

知识点讲解

试题解析

十四、动物病理剖检诊断技术

- 动物病理剖检诊断技术
  - 1.概述
    - (1)病理剖检的意义及病理剖检诊断的依据
    - (2)动物死后的尸体变化
    - (3)剖检前的准备
    - (4)剖检的注意事项
    - (5)剖检的步骤
    - (6)剖检病变的描述
    - (7)剖检记录的整理分析和病理报告的撰写
    - (8)病理组织学材料的摘取和固定(包括固定液的配制)
    - (9)病理组织学材料的运送
    - (10)剖检后动物尸体的消毒和无害化处理
    - (11)剖检人员的自身防护
  - 2.动物病理剖检的方法
    - (1)马属动物的病理剖检方法
    - (2)反刍动物(牛、羊)的病理剖检方法
    - (3)单胃动物(猪、犬、猫、兔)的病理剖检方法
    - (4)家禽的病理剖检方法

知识点讲解　　　　试题解析

第六单元
兽医药理学

一、药理总论

- 药理总论
  - 1. 基本概念
    - (1)药物与毒物
    - (2)剂型与制剂
    - (3)处方药与非处方药
  - 2. 药代动力学
    - (1)药物转运的方式
    - (2)药物的吸收
    - (3)药物的分布
    - (4)药物的生物转化
    - (5)药物的排泄
    - (6)血药浓度-时间曲线(药时曲线下面积、峰浓度与达峰时间)
    - (7)主要药动学参数及其临床意义(消除半衰期、表观分布容积、体清除率、生物利用度)
  - 3. 药效动力学
    - (1)药物作用的基本表现
    - (2)药物作用的方式
    - (3)药物作用的选择性
    - (4)药物的治疗作用与不良反应
    - (5)药物的相互作用
    - (6)药物的构效关系
    - (7)药物的量效关系
    - (8)药物的作用机理
  - 4. 影响药物作用的因素与合理用药
    - (1)影响药物作用的因素(药物方面、动物方面、饲养管理和环境因素)
    - (2)合理用药的基本原则

知识点讲解　　知识点讲解　　试题解析

二、化学合成抗菌药

- 化学合成抗菌药
  - 1. 概述
    - (1)化疗药、化疗指数、抗菌谱、抗菌活性、抗菌药后效应、耐药性
    - (2)抗菌药的合理使用
  - 2. 磺胺类药物
    - (1)分类、药动学、抗菌作用、作用机理、耐药性、不良反应、注意事项
    - (2)常用药物的作用与应用：磺胺嘧啶(SD)、磺胺二甲嘧啶(SM_2)、磺胺甲噁唑(新诺明，SMZ)、磺胺对甲氧嘧啶(磺胺-5-甲氧嘧啶，SMD)、磺胺间甲氧嘧啶(磺胺-6-甲氧嘧啶)、磺胺喹噁啉(SQ)
  - 3. 抗菌增效剂
    - (1)抗菌作用、作用机理
    - (2)甲氧苄啶(TMP)、二甲氧苄啶(DVD)的应用
  - 4. 喹诺酮类药物
    - (1)药动学、抗菌作用、作用机理、耐药性、应用、不良反应、注意事项
    - (2)常用药物的作用与应用：恩诺沙星、环丙沙星、达氟沙星、二氟沙星、沙拉沙星
  - 5. 喹噁啉类药物　乙酰甲喹(痢菌净)、喹乙醇、喹烯酮的抗菌作用的应用
  - 6. 硝基咪唑类药物　甲硝唑(灭滴灵)、地美硝唑(二甲硝唑)的抗菌作用与应用

试题解析

三、抗生素与抗真菌药

抗生素与抗真菌药——

- 1. β-内酰胺类
  - (1)青霉素类的抗菌作用、作用机理、应用、不良反应、注意事项——青霉素(青霉素G)、普鲁卡因青霉素、苄星青霉素、氨苄西林(氨苄青霉素)、阿莫西林(羟氨苄青霉素)、苯唑西林(苯唑青霉素)、氯唑西林(邻氯青霉素)
  - (2)头孢菌素类的抗菌作用、应用、不良反应、注意事项——头孢噻呋、头孢氨苄(先锋霉素Ⅳ)、头孢喹肟(头孢喹诺)
- 2. 大环内酯类、截短侧耳素类及林可胺类
  - (1)大环内酯类的抗菌作用、作用机理、应用、不良反应、注意事项——红霉素、吉他霉素(北里霉素)、泰乐菌素、泰万菌素(乙酰异戊酰泰乐菌素)、替米考星、泰拉霉素
  - (2)截短侧耳素类的抗菌作用、应用、不良反应、注意事项——泰妙菌素(泰妙灵)、沃尼妙林
  - (3)林可胺类的抗菌作用、作用机理、应用、不良反应——林可霉素(洁霉素)
- 3. 氨基糖苷类
  - 氨基糖苷类的理化性质、抗菌作用、应用、不良反应、注意事项——链霉素、庆大霉素、卡那霉素、新霉素、大观霉素、安普霉素
- 4. 四环素类及酰胺醇类
  - (1)四环素类的抗菌作用、作用机理、应用、不良反应、注意事项——土霉素、四环素、多西环素(强力霉素)、金霉素
  - (2)酰胺醇类的药动学特点、抗菌作用、作用机理、应用、不良反应、注意事项——氟苯尼考(氟甲砜霉素)、甲砜霉素
- 5. 多肽类
  - (1)黏菌素的抗菌作用、作用机理、应用、不良反应
  - (2)杆菌肽的抗菌作用、作用机理、应用
- 6. 抗真菌药
  - 两性霉素B、制霉菌素、灰黄霉素、酮康唑、克霉唑的抗菌作用、应用、不良反应

知识点讲解

试题解析

四、消毒防腐药

- 消毒防腐药
  - 1. 概述
    - (1)环境消毒药
    - (2)皮肤、黏膜消毒防腐药
  - 2. 常用的消毒防腐药的作用与应用
    - (1)酚类(苯酚、复合酚、甲酚)
    - (2)醛类(甲醛、戊二醛)
    - (3)醇类(乙醇)
    - (4)卤素类(氯制剂、碘制剂)
    - (5)季铵盐类[苯扎溴铵(新洁尔灭)、癸甲溴铵]
    - (6)氧化剂(过氧化氢、高锰酸钾)
    - (7)酸类(过氧乙酸)
    - (8)碱类(氢氧化钠)
    - (9)染料类(甲紫)
    - (10)其他(松馏油、鱼石脂软膏)

知识点讲解　　试题解析

五、抗寄生虫药

- 抗寄生虫药
  - 1. 抗蠕虫药物
    - (1)分类——抗线虫药、抗绦虫药、抗吸虫药、抗血吸虫药
    - (2)阿苯达唑(丙硫咪唑)、芬苯达唑(硫苯咪唑)、左旋咪唑(左咪唑)、伊维菌素、阿维菌素、多拉菌素、氯硝柳胺(灭绦灵)、硝氯酚、三氯苯达唑、吡喹酮的药理作用、应用、注意事项
  - 2. 抗原虫药物
    - (1)分类
    - (2)抗球虫药——地克珠利、托曲珠利、莫能菌素、盐霉素、甲基盐霉素(那拉菌素)、马度米星(马杜霉素)、尼卡巴嗪、氨丙啉、氯羟吡啶、常山酮的药理作用、应用、注意事项
    - (3)抗锥虫药、抗梨形虫药——三氮脒(贝尼尔)、硫酸喹啉脲(阿卡普林)的药理作用、应用、注意事项
  - 3. 杀虫药　二嗪农、蝇毒磷、马拉硫磷、氰戊菊酯、溴氰菊酯、双甲脒、环丙氨嗪及非泼罗尼的药理作用、应用、注意事项

知识点讲解　　试题解析

六、外周神经系统药物

外周神经系统药物

- 1. 胆碱受体激动药　药理作用、应用、不良反应、注意事项——氨甲酰胆碱、毛果芸香碱
- 2. 抗胆碱酯酶药　新斯的明的药理作用、应用、注意事项
- 3. 胆碱受体阻断药　药理作用、应用、不良反应——阿托品、东莨菪碱
- 4. 肾上腺素受体激动药　药理作用、应用、不良反应、注意事项——去甲肾上腺素、肾上腺素、异丙肾上腺素
- 5. 肾上腺素受体阻断药　药理作用、应用——酚妥拉明、普萘洛尔(心得安)
- 6. 局部麻醉药
  - (1)局麻的作用及作用机理
  - (2)常用局麻药的药理作用、应用、注意事项——普鲁卡因、利多卡因、丁卡因

知识点讲解　　试题解析

七、中枢神经系统药物

- 中枢神经系统药物
  - 1. 中枢兴奋药——药理作用、作用机理、应用、不良反应、注意事项——咖啡因、尼可刹米、戊四氮、士的宁
  - 2. 镇静催眠药——药理作用、作用机理、应用、不良反应、注意事项——地西泮(安定)、氯丙嗪
  - 3. 抗惊厥药
    - (1)硫酸镁注射液药理作用、应用、注意事项
    - (2)苯巴比妥的药理作用、应用、不良反应、注意事项
  - 4. 麻醉性镇痛药
    - (1)吗啡的药理作用
    - (2)哌替啶(度冷丁)的药理作用、应用、不良反应、注意事项
  - 5. 全身麻醉药
    - (1)诱导麻醉药的药理作用、应用——丙泊酚(异丙酚)、硫贲妥钠
    - (2)吸入麻醉药的药理作用、应用——氟烷、异氟醚(异氟烷)
    - (3)非吸入麻醉药(戊巴比妥、异戊巴比妥、氯胺酮)的药理作用、应用、注意事项
  - 6. 化学保定药
    - (1)镇痛性化学保定药的药理作用与应用——赛拉唑(静松灵)、赛拉嗪(隆朋)
    - (2)骨骼肌松弛药的药理作用与应用——琥珀胆碱

知识点讲解　　　试题解析

八、解热镇痛抗炎药

- 解热镇痛抗炎药
  - 1.解热镇痛药——药理作用、应用、不良反应——阿司匹林(乙酰水杨酸)、对乙酰氨基酚(扑热息痛)、安乃近、安替比林、氨基比林、萘普生、氟尼新葡甲胺、替泊沙林
  - 2. 糖皮质激素类药
    - (1)糖皮质激素类药物的种类、药理作用、作用机理、应用、不良反应、注意事项
    - (2)氢化可的松、泼尼松、氟轻松、地塞米松、倍地米松的作用与应用

知识点讲解　　　试题解析

九、消化系统药物

- 消化系统药物
  - 1. 健胃药与助消化药：人工矿泉盐、胃蛋白酶、稀盐酸、干酵母、乳酶生(表飞鸣)、稀醋酸的药理作用与应用
  - 2. 瘤胃兴奋药：浓氯化钠注射液的药理作用与应用
  - 3. 制酵药与消沫药：芳香氨醑、乳酸、鱼石脂、二甲硅油的药理作用与应用
  - 4. 泻药与止泻药：硫酸钠、硫酸镁、鞣酸蛋白、铋制剂的药理作用与应用

知识点讲解　　试题解析

十、呼吸系统药物

- 呼吸系统药物
  - 1. 平喘药：氨茶碱的药理作用、作用机理与应用
  - 2. 祛痰镇咳药：氯化铵、碘化钾的药理作用与应用

知识点讲解　　试题解析

十一、血液循环系统药物

- 血液循环系统药物
  - 1. 治疗充血性心力衰竭的药物
    - (1)强心苷类药理作用
    - (2)洋地黄毒苷的应用
    - (3)地高辛、毒毛花苷K的应用
  - 2. 抗凝血药与促凝血药
    - (1)肝素的药理作用、作用机理、应用、不良反应、注意事项；枸橼酸钠的药理作用与应用
    - (2)维生素K、酚磺乙胺(止血敏)、安络血的药理作用与应用
  - 3. 抗贫血药
    - (1)硫酸亚铁、右旋糖酐铁的药理作用与应用
    - (2)叶酸、维生素B_{12}的药理作用与应用

知识点讲解

试题解析

十二、泌尿生殖系统药物

- 泌尿生殖系统药物
  - 1. 利尿药与脱水药
    - (1)利尿药的药理作用、应用、不良反应、注意事项——呋塞米(速尿)、氢氯噻嗪
    - (2)脱水药的药理作用、应用——甘露醇
  - 2. 生殖系统药物
    - 缩宫素(催产素)、垂体后叶素、睾酮、苯丙酸诺龙、雌二醇、黄体酮(孕酮)、绒促性素(绒膜激素)、血促性素、促黄体释放激素、前列腺素的药理作用与应用

知识点讲解

试题解析

十三、调节组织代谢药物

调节组织代谢药物
- 1. 维生素　维生素A、维生素D、维生素E、B族维生素、维生素C的药理作用与应用
- 2. 矿物质　钙、磷制剂、亚硒酸钠的药理作用与应用

知识点讲解　　试题解析

十四、组胺受体阻断药

组胺受体阻断药
- 1. H_1受体阻断药　药理作用、应用及不良反应——兽医师6-14苯海拉明、异丙
酸氯苯那敏(扑尔敏)
- 2. H_2受体阻断药　药理作用特点及应用——西咪替丁(甲氰咪胍)、雷尼替丁

知识点讲解　　试题解析

十五、解毒药

- 解毒药
  - 1. 金属络合剂
    - 二巯丙醇、二巯丙磺钠的药理作用与应用
  - 2. 胆碱酯酶复活剂
    - 解磷定(碘解磷定)、氯磷定(氯解磷定)的药理作用与应用
  - 3. 高铁血红蛋白还原剂
    - 亚甲蓝(美蓝)的药理作用与应用
  - 4. 氰化物解毒剂
    - 亚硝酸钠、硫代硫酸钠的药理作用与应用
  - 5. 氟乙酰胺解毒剂
    - 乙酰胺(解氟灵)的药理作用与应用

知识点讲解

试题解析

第七单元

兽医微生物学与免疫学

一、细菌的结构与生理

- 细菌的结构与生理
  - 1. 细菌的形态
    - (1)细菌的个体形态
    - (2)细菌的群体形态
  - 2. 细菌的基本结构
    - (1)细胞壁
    - (2)细胞膜
    - (3)细胞质
    - (4)核体
  - 3. 细菌的特殊结构
    - (1)荚膜
    - (2)鞭毛
    - (3)菌毛
    - (4)芽孢
  - 4. 细菌染色方法
    - (1)革兰染色法
    - (2)瑞氏染色法
    - (3)特殊染色法
  - 5. 细菌的生长繁殖
    - (1)细菌生长繁殖的基本条件
    - (2)细菌个体的生长繁殖
    - (3)细菌群体的生长繁殖
  - 6. 细菌的代谢
    - (1)细菌的基本代谢过程
    - (2)细菌的合成代谢产物及其作用
    - (3)细菌的分解代谢与生化反应
  - 7. 细菌的人工培养
    - (1)培养基的概念及种类
    - (2)细菌在培养基中的生长现象
    - (3)人工培养细菌的意义

知识点讲解

试题解析

二、细菌的感染

- 细菌的感染
  - 1. 正常菌群
    - (1)正常菌群的概念
    - (2)动物体内正常菌群的分布
    - (3)正常菌群的生理作用
  - 2. 细菌的致病性
    - (1)细菌致病性的确定
    - (2)细菌毒力的测定
    - (3)细菌的毒力因子
    - (4)细菌的侵入数量、途径与感染
    - (5)感染的类型
  - 3. 细菌的耐药性
    - (1)细菌耐药性的概念
    - (2)细菌耐药性的检测方法

知识点讲解　　试题解析

三、细菌感染的诊断

- 细菌感染的诊断
  - 1.样本的采集
    - 样本的采集原则
  - 2. 细菌的分离鉴定
    - (1)常规细菌学检测
    - (2)血清学检测
    - (3)基因检测

知识点讲解　　试题解析

四、消毒与灭菌

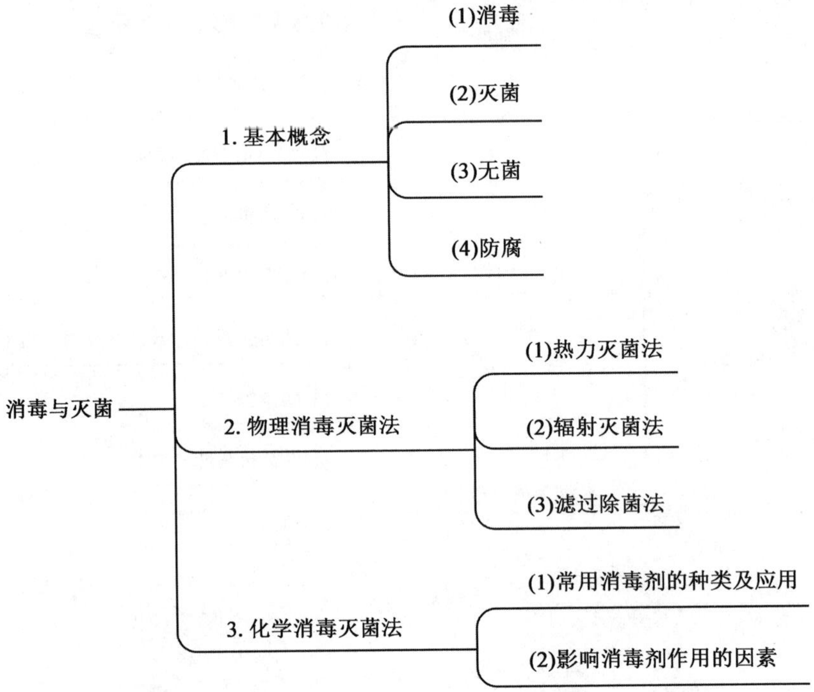

知识点讲解

试题解析

五、主要的动物病原菌

- 主要的动物病原菌
  - 1. 球菌
    - (1)链球菌属——猪链球菌
    - (2)蜂房球菌
  - 2. 肠杆菌科
    - (1)埃希菌属——大肠埃希菌
    - (2)沙门菌属——沙门菌
  - 3. 巴氏杆菌科及相关属
    - (1)巴氏杆菌属——多杀性巴氏杆菌
    - (2)里氏杆菌属——鸭疫里氏杆菌
    - (3)嗜血杆菌属——副猪嗜血杆菌
    - (4)放线杆菌属——胸膜肺炎放线杆菌
  - 4. 革兰阴性需氧杆菌
    - (1)布鲁氏杆菌属——布鲁氏杆菌
    - (2)伯氏菌属——鼻疽伯氏菌
    - (3)波氏菌属——支气管败血波氏菌
  - 5. 革兰阳性无芽孢杆菌
    - (1)李氏杆菌属——产单核细胞李氏杆菌
    - (2)丹毒丝菌属——猪丹毒丝菌
  - 6. 革兰阳性产芽孢杆菌
    - (1)芽孢杆菌属——炭疽芽孢杆菌
    - (2)梭菌属——产气荚膜梭菌
    - (3)拟幼虫芽孢杆菌
  - 7. 分枝杆菌
    - (1)牛分枝杆菌
    - (2)副结核分枝杆菌
  - 8. 螺旋体
    - 猪痢短螺旋体
  - 9. 支原体
    - (1)鸡毒支原体
    - (2)猪肺炎支原体
    - (3)牛支原体
    - (4)丝状支原体山羊亚种
  - 10. 真菌
    - (1)白僵菌
    - (2)蜜蜂球囊菌变种(蜜蜂病原)
  - 11. 类菌质体
    - 蜜蜂螺旋菌质体

试题解析

六、病毒基本特性

- 病毒基本特征
  - 1. 病毒的结构
    - (1)病毒的基本结构
    - (2)病毒的化学组成
    - (3)病毒的分类
  - 2. 病毒的增殖
    - (1)病毒的培养方法及特点
    - (2)病毒的细胞培养
    - (3)病毒感染后产生的细胞病变、包涵体及空斑
  - 3. 病毒的感染
    - (1)急性感染
    - (2)持续性感染

知识点讲解

试题解析

七、病毒的检测

- 病毒的检测
  - 1. 病料的采集与准备
    - 样本的采集与病毒分离前的处理
  - 2. 病毒的分离和鉴定
    - (1)病毒的分离与培养
    - (2)病毒的鉴定
  - 3. 病毒感染单位的测定
    - (1)空斑试验
    - (2)终点稀释法
  - 4. 病毒感染的血清学诊断方法
    - (1)病毒中和试验
    - (2)血凝抑制试验
    - (3)免疫组化技术
    - (4)免疫转印技术
    - (5)酶联免疫吸附试验(ELISA)
  - 5. 病毒不感染的分子诊断
    - (1)聚合酶链式反应(PCR)及序列分析
    - (2)核酸杂交
    - (3)DNA芯片

试题解析

八、主要的动物病毒

- 主要的动物病毒
  - 1. 痘病毒科
    - (1)绵羊痘病毒与山羊痘病毒
    - (2)黏液瘤病毒
  - 2. 非洲猪瘟病毒科
    - 非洲猪瘟病毒
  - 3. 疱疹病毒科
    - (1)伪狂犬病病毒
    - (2)牛传染性鼻气管炎病毒
    - (3)马立克病病毒
    - (4)禽传染性喉气管炎病毒
    - (5)鸭瘟病毒
  - 4. 腺病毒科
    - (1)犬传染性肝炎病毒
    - (2)产蛋下降综合征病毒
  - 5. 细小病毒科
    - (1)猪细小病毒
    - (2)犬细小病毒
    - (3)鹅细小病毒
    - (4)猫泛白细胞减少症病毒
    - (5)貂肠炎病毒
    - (6)貂阿留申病病毒
  - 6. 圆环病毒科
    - 猪圆环病毒2型
  - 7. 反录病毒科
    - (1)禽白血病病毒
    - (2)山羊关节炎/脑脊髓炎病毒
    - (3)马传染性贫血病毒
  - 8. 呼肠孤病毒科
    - (1)禽正呼肠孤病毒
    - (2)蓝舌病毒
    - (3)质型多角体病毒(蚕)
  - 9. 双RNA病毒科
    - 传染性法氏囊病病毒
  - 10. 副黏病毒科
    - (1)新城疫病毒
    - (2)小反刍兽疫病毒
    - (3)犬瘟热病毒
  - 11. 弹状病毒科
    - (1)狂犬病病毒
    - (2)牛暂时热病毒
  - 12. 正黏病毒科
    - 禽流感病毒
  - 13. 冠状病毒科
    - (1)禽传染性支气管炎病毒
    - (2)猪传染性胃肠炎病毒
  - 14. 动脉炎病毒科
    - 猪繁殖与呼吸综合征病毒
  - 15. 微RNA病毒科
    - (1)口蹄疫病毒
    - (2)猪水疱病病毒
    - (3)鸭肝炎病毒
    - (4)囊状幼虫病病毒
    - (5)蜜蜂慢性麻痹病病毒
    - (6)家蚕软化病病毒
  - 16. 嵌杯病毒科
    - 兔出血症病毒
  - 17. 黄病毒科
    - (1)猪瘟病毒
    - (2)牛病毒性腹泻病毒
    - (3)日本脑炎病毒
  - 18. 朊病毒
    - 朊病毒的特性与分类

知识点讲解　　知识点讲解　　试题解析

九、抗原与抗体

- 抗原与抗体
  - 1. 抗原
    - (1)抗原与免疫原的概念
    - (2)影响抗原免疫原性的因素
    - (3)抗原表位
    - (4)抗原的交叉性
    - (5)抗原的分类
    - (6)重要的抗原
    - (7)佐剂与免疫调节剂
  - 2. 抗体
    - (1)免疫球蛋白与抗体的概念
    - (2)免疫球蛋白的基本结构
    - (3)免疫球蛋白的种类与抗原决定簇
    - (4)各类抗体的特点及生物学功能
    - (5)多克隆抗体
    - (6)单克隆抗体

知识点讲解　　知识点讲解　　试题解析

十、免疫系统

- 免疫系统
  - 1. 免疫器官
    - (1)中枢免疫器官
    - (2)外周免疫器官
  - 2. 免疫细胞
    - (1)T细胞和B细胞
    - (2)K细胞和NK细胞
    - (3)抗原递呈细胞
    - (4)其他免疫细胞
  - 3. 细胞因子
    - (1)细胞因子的概念
    - (2)细胞因子的种类和来源
    - (3)细胞因子的特性
    - (4)细胞因子的主要生物学作用
    - (5)细胞因子的应用
  - 4. 补体系统
    - (1)补体系统的概念、组成和性质
    - (2)补体系统的激活途径
    - (3)补体激活后的生物学效应
  - 5. 黏膜免疫系统
    - (1)黏膜免疫系统的组成
    - (2)黏膜免疫系统的功能

知识点讲解

试题解析

十一、免疫应答

- 免疫应答
  - 1. 概述
    - (1)免疫应答的概念
    - (2)免疫应答产生的部位
  - 2. 免疫应答的基本过程
    - (1)致敏阶段
    - (2)反应阶段
    - (3)效应阶段
  - 3. 细胞免疫
    - (1)效应性T细胞的种类
    - (2)细胞毒性T细胞与细胞毒作用
    - (3)T_{DTH}细胞与迟发型变态反应
  - 4. 体液免疫
    - (1)抗体产生的一般规律及特点
    - (2)抗体的免疫学功能

知识点讲解　　试题解析

十二、变态反应

- 变态反应
  - 1. 概述　变态反应的概念与分型
  - 2. 过敏反应型（Ⅰ型）变态反应
    - (1)参与过敏反应的成分
    - (2)Ⅰ型变态反应的机理
    - (3)临床常见的过敏反应型变态反应
  - 3. 细胞毒型（Ⅱ型）变态反应
    - (1)Ⅱ型变态反应的机理
    - (2)临床常见的细胞毒型变态反应
  - 4. 免疫复合物型（Ⅲ型）变态反应
    - (1)Ⅲ型变态反应的机理
    - (2)临床常见的免疫复合物型疾病
  - 5. 迟发型（Ⅳ型）变态反应
    - (1)Ⅳ型变态反应的细胞反应机理
    - (2)临床常见的迟发型变态反应

知识点讲解　　试题解析

十三、抗感染免疫

- 抗感染免疫
  - 1. 先天非特异性免疫
    - (1)概念
    - (2)组成与生物学作用
    - (3)特点
  - 2. 获得性特异性免疫
    - (1)概念
    - (2)组成与生物学作用
    - (3)特点
  - 3. 抗细菌、真菌感染的免疫
    - (1)抗细胞外细菌感染免疫
    - (2)抗细胞内细菌感染免疫
    - (3)抗真菌感染免疫
  - 4. 抗病毒感染的免疫
    - (1)抗病毒的非特异性免疫
    - (2)抗病毒的特异性免疫
  - 5. 抗寄生虫感染的免疫
    - (1)抗原虫感染的免疫
    - (2)抗蠕虫感染的免疫

知识点讲解　　　　试题解析

十四、免疫防治

- 免疫防治
  - 1. 主动免疫
    - (1)概念
    - (2)天然主动免疫
    - (3)人工主动免疫
  - 2. 被动免疫
    - (1)概念
    - (2)天然被动免疫
    - (3)人工被动免疫
  - 3. 疫苗与免疫预防
    - (1)疫苗的种类、特点及应用
    - (2)疫苗的免疫接种(免疫途径、免疫程序)
    - (3)影响疫苗免疫效果的因素

知识点讲解　　　　试题解析

十五、免疫学技术

- 免疫学技术
  - 1. 概述
    - (1)免疫学技术的概念及分类
    - (2)免疫血清学反应的特点及影响因素
    - (3)细胞免疫学技术的种类
    - (4)免疫制备技术的种类
    - (5)免疫学技术的应用
    - (6)免疫学技术的发展趋势
  - 2. 凝集反应
    - (1)概念
    - (2)原理
    - (3)方法的分类及应用
  - 3. 沉淀反应
    - (1)概念
    - (2)原理
    - (3)方法的分类及应用
  - 4. 标记抗体技术
    - (1)概念
    - (2)免疫荧光抗体技术
    - (3)免疫酶标记技术
    - (4)放射免疫分析
  - 5. 中和试验
    - (1)概念
    - (2)原理
    - (3)方法的分类及应用
  - 6. 补体参与的检测技术
    - (1)概念
    - (2)原理
    - (3)方法的分类及应用
  - 7. 免疫检测新技术
    - 常用免疫检测新技术的名称、原理及主要用途

知识点讲解

试题解析

第八单元

兽医传染病学

一、传染病总论

- 总论
  - 1. 动物传染病与感染
    - (1)传染病的特征
    - (2)感染的类型
  - 2. 动物传染病流行过程的基本环节
    - (1)传染源、水平传播、垂直传播的概念
    - (2)传染病流行过程的要素
    - (3)传染病流行和发展的影响因素
  - 3. 动物流行病学调查
    - (1)发病率、死亡率、病死率的概念
    - (2)动物流行病学调查的步骤和内容
  - 4. 动物传染病诊断方法
    - (1)临诊综合诊断
    - (2)实验室诊断
  - 5. 动物传染病的免疫防控措施
    - (1)基本概念
    - (2)免疫接种的方法与注意事项
  - 6. 动物传染病的综合防控措施
    - (1)防疫工作的基本原则和内容
    - (2)疫情报告
    - (3)检疫、隔离、封锁的概念
    - (4)消毒、杀虫、灭鼠方法
    - (5)药物防治

知识点讲解

试题解析

二、人兽共患传染病

- 人兽共患传染病
  - 1. 牛海绵状脑病
    - (1)病原名称和分类
    - (2)流行病学特征
    - (3)主要发病症状及解剖病变
    - (4)诊断方法和主要防制措施
  - 2. 高致病性禽流感
    - (1)流行病学
    - (2)发病症状及病理变化
    - (3)诊断
    - (4)防控
  - 3. 狂犬病
    - (1)流行病学
    - (2)发病症状及病理变化
    - (3)诊断
    - (4)防控
  - 4. 猪乙型脑炎
    - (1)流行病学
    - (2)发病症状及病理变化
    - (3)诊断
    - (4)防控
  - 5. 炭疽
    - (1)流行病学
    - (2)发病症状及病理变化
    - (3)诊断
    - (4)防控
  - 6. 布鲁氏菌病
    - (1)流行病学
    - (2)发病症状及病理变化
    - (3)诊断
    - (4)防控
  - 7. 沙门菌病
    - (1)流行病学
    - (2)发病症状及病理变化
    - (3)诊断
    - (4)防控
  - 8. 结核病(牛结核病、禽结核病)
    - (1)流行病学
    - (2)发病症状及病理变化
    - (3)诊断
    - (4)防控
  - 9. 猪Ⅱ型链球菌病
    - (1)流行病学
    - (2)发病症状及病理变化
    - (3)诊断
    - (4)防控
  - 10. 马鼻疽
    - (1)流行病学
    - (2)发病症状及病理变化
    - (3)诊断
    - (4)防控
  - 11. 大肠杆菌病(猪大肠杆菌病、禽大肠杆菌病、犊牛大肠杆菌病、羔羊大肠杆菌病)
    - (1)流行病学
    - (2)发病症状及病理变化
    - (3)诊断
    - (4)防控
  - 12. 李氏杆菌病
    - (1)流行病学
    - (2)发病症状及病理变化
    - (3)诊断
    - (4)防控

知识点讲解

试题解析

三、多种动物共患传染病

- 多种动物共患传染病
  - 1. 口蹄疫
    - (1)流行病学
    - (2)发病症状及病理变化
    - (3)诊断
    - (4)防控
  - 2. 伪狂犬病
    - (1)流行病学
    - (2)发病症状及病理变化
    - (3)诊断
    - (4)防控
  - 3. 梭菌性疾病
    - (1)流行病学
    - (2)发病症状及病理变化
    - (3)诊断
    - (4)防控
  - 4. 副结核病
    - (1)流行病学
    - (2)发病症状及病理变化
    - (3)诊断
    - (4)防控
  - 5. 多杀性巴氏杆菌病
    - (1)流行病学
    - (2)发病症状及病理变化
    - (3)诊断
    - (4)防控

知识点讲解　　　　试题解析

四、猪的传染病

- 猪的传染病
  - 1. 猪瘟
    - (1)流行病学
    - (2)发病症状及病理变化
    - (3)诊断
    - (4)防控
  - 2. 非洲猪瘟
    - (1)病原名称和分类
    - (2)流行病学特点
    - (3)主要发病症状及解剖病变
    - (4)诊断方法和主要防制措施
  - 3. 猪水疱病
    - (1)流行病学
    - (2)发病症状及病理变化
    - (3)诊断
    - (4)防控
  - 4. 猪繁殖与呼吸综合征
    - (1)流行病学
    - (2)发病症状及病理变化
    - (3)诊断
    - (4)防控
  - 5. 猪细小病毒病
    - (1)流行病学
    - (2)发病症状及病理变化
    - (3)诊断
    - (4)防控
  - 6. 猪传染性胃肠炎
    - (1)流行病学
    - (2)发病症状及病理变化
    - (3)诊断
    - (4)防控
  - 7. 猪流行性腹泻
    - (1)流行病学
    - (2)发病症状及病理变化
    - (3)诊断
    - (4)防控
  - 8. 猪丹毒
    - (1)流行病学
    - (2)发病症状及病理变化
    - (3)诊断
    - (4)防控
  - 9. 猪传染性胸膜肺炎
    - (1)流行病学
    - (2)发病症状及病理变化
    - (3)诊断
    - (4)防控
  - 10. 猪传染性萎缩性鼻炎
    - (1)流行病学
    - (2)发病症状及病理变化
    - (3)诊断
    - (4)防控
  - 11. 猪支原体肺炎
    - (1)流行病学
    - (2)发病症状及病理变化
    - (3)诊断
    - (4)防控
  - 12. 猪圆环病毒病
    - (1)流行病学
    - (2)发病症状及病理变化
    - (3)诊断
    - (4)防控
  - 13. 副猪嗜血杆菌病
    - (1)流行病学
    - (2)发病症状及病理变化
    - (3)诊断
    - (4)防控
  - 14. 猪痢疾
    - (1)流行病学
    - (2)发病症状及病理变化
    - (3)诊断
    - (4)防控

知识点讲解

试题解析

五、牛、羊的传染病

- 牛、羊的传染病
  - 1. 牛传染性胸膜肺炎
    - (1)流行病学
    - (2)发病症状及病理变化
    - (3)诊断
    - (4)防控
  - 2. 蓝舌病
    - (1)流行病学
    - (2)发病症状及病理变化
    - (3)诊断
    - (4)防控
  - 3. 牛传染性鼻气管炎
    - (1)流行病学
    - (2)发病症状及病理变化
    - (3)诊断
    - (4)防控
  - 4. 牛流行热
    - (1)流行病学
    - (2)发病症状及病理变化
    - (3)诊断
    - (4)防控
  - 5. 牛病毒性腹泻/黏膜病
    - (1)流行病学
    - (2)发病症状及病理变化
    - (3)诊断
    - (4)防控
  - 6. 小反刍兽疫
    - (1)流行病学
    - (2)发病症状及病理变化
    - (3)诊断
    - (4)防控
  - 7. 绵羊痘和山羊痘
    - (1)流行病学
    - (2)发病症状及病理变化
    - (3)诊断
    - (4)防控
  - 8. 山羊关节炎脑炎
    - (1)流行病学
    - (2)发病症状及病理变化
    - (3)诊断
    - (4)防控
  - 9. 山羊传染性胸膜肺炎
    - (1)流行病学
    - (2)发病症状及病理变化
    - (3)诊断
    - (4)防控
  - 10. 羊传染性脓疱
    - (1)流行病学
    - (2)发病症状及病理变化
    - (3)诊断
    - (4)防控
  - 11. 坏死杆菌病
    - (1)流行病学
    - (2)发病症状及病理变化
    - (3)诊断
    - (4)防控

知识点讲解　　　　试题解析

六、马的传染病

- 马的传染病
  - 1. 马传染性贫血
    - (1)流行病学
    - (2)发病症状及病理变化
    - (3)诊断
    - (4)防控
  - 2. 马腺疫
    - (1)流行病学
    - (2)发病症状及病理变化
    - (3)诊断
    - (4)防控
  - 3. 马流感
    - (1)流行病学
    - (2)发病症状及病理变化
    - (3)诊断
    - (4)防控

知识点讲解

试题解析

七、禽的传染病

- 禽的传染病
  - 1. 新城疫
    - (1)流行病学
    - (2)发病症状及病理变化
    - (3)诊断
    - (4)防控
  - 2. 鸡传染性喉气管炎
    - (1)流行病学
    - (2)发病症状及病理变化
    - (3)诊断
    - (4)防控
  - 3. 鸡传染性支气管炎
    - (1)流行病学
    - (2)发病症状及病理变化
    - (3)诊断
    - (4)防控
  - 4. 传染性法氏囊病
    - (1)流行病学
    - (2)发病症状及病理变化
    - (3)诊断
    - (4)防控
  - 5. 马立克病
    - (1)流行病学
    - (2)发病症状及病理变化
    - (3)诊断
    - (4)防控
  - 6. 产蛋下降综合征
    - (1)流行病学
    - (2)发病症状及病理变化
    - (3)诊断
    - (4)防控
  - 7. 禽白血病
    - (1)流行病学
    - (2)发病症状及病理变化
    - (3)诊断
    - (4)防控
  - 8. 鸡病毒性关节炎
    - (1)流行病学
    - (2)发病症状及病理变化
    - (3)诊断
    - (4)防控
  - 9. 鸡传染性鼻炎
    - (1)流行病学
    - (2)发病症状及病理变化
    - (3)诊断
    - (4)防控
  - 10. 鸡败血支原体感染
    - (1)流行病学
    - (2)发病症状及病理变化
    - (3)诊断
    - (4)防控
  - 11. 鸭瘟
    - (1)流行病学
    - (2)发病症状及病理变化
    - (3)诊断
    - (4)防控
  - 12. 鸭病毒性肝炎
    - (1)流行病学
    - (2)发病症状及病理变化
    - (3)诊断
    - (4)防控
  - 13. 鸭浆膜炎
    - (1)流行病学
    - (2)发病症状及病理变化
    - (3)诊断
    - (4)防控
  - 14. 鸭坦布苏病毒病
    - (1)流行病学
    - (2)发病症状及病理变化
    - (3)诊断
    - (4)防控
  - 15. 小鹅瘟
    - (1)流行病学
    - (2)发病症状及病理变化
    - (3)诊断
    - (4)防控

知识点讲解

试题解析

八、犬、猫的传染病

- 犬、猫的传染病
  - 1. 犬瘟热
    - (1)流行病学
    - (2)发病症状及病理变化
    - (3)诊断
    - (4)防控
  - 2. 犬细小病毒病
    - (1)流行病学
    - (2)发病症状及病理变化
    - (3)诊断
    - (4)防控
  - 3. 犬传染性肝炎
    - (1)流行病学
    - (2)发病症状及病理变化
    - (3)诊断
    - (4)防控
  - 4. 猫泛白细胞减少症
    - (1)流行病学
    - (2)发病症状及病理变化
    - (3)诊断
    - (4)防控

知识点讲解　　试题解析

九、兔、貂的传染病

- 兔、貂的传染病
  - 1. 兔病毒性出血症
    - (1)流行病学
    - (2)发病症状及病理变化
    - (3)诊断
    - (4)防控
  - 2. 兔黏液瘤病
    - (1)流行病学
    - (2)发病症状及病理变化
    - (3)诊断
    - (4)防控
  - 3. 水貂阿留申病
    - (1)流行病学
    - (2)发病症状及病理变化
    - (3)诊断
    - (4)防控
  - 4. 水貂病毒性肠炎
    - (1)流行病学
    - (2)发病症状及病理变化
    - (3)诊断
    - (4)防控

试题解析

十、蚕、蜂的传染病

蚕、蜂的传染病

- 1. 家蚕多角体病(家蚕核型多角体病、家蚕质型多角体病)
  - (1)流行病学
  - (2)发病症状及病理变化
  - (3)诊断
  - (4)防控
- 2. 白僵病
  - (1)流行病学
  - (2)发病症状及病理变化
  - (3)诊断
  - (4)防控
- 3. 美洲幼虫腐臭病
  - (1)流行病学
  - (2)发病症状及病理变化
  - (3)诊断
  - (4)防控
- 4. 欧洲幼虫腐臭病
  - (1)流行病学
  - (2)发病症状及病理变化
  - (3)诊断
  - (4)防控
- 5. 白垩病
  - (1)流行病学
  - (2)发病症状及病理变化
  - (3)诊断
  - (4)防控

知识点讲解

试题解析

第九单元

兽医寄生虫病学

一、寄生虫病学基础知识

- 寄生虫病学基础知识
  - 1. 寄生虫与宿主的类型
    - (1)寄生虫与寄生虫类型
    - (2)宿主与宿主类型
    - (3)寄生虫的致病机理
  - 2. 寄生虫病的流行病学与危害性
    - (1)寄生虫的发育
    - (2)寄生虫病的流行病学
    - (3)寄生虫的免疫逃避
    - (4)寄生虫病的危害

知识点讲解

试题解析

二、寄生虫病的诊断与防控技术

- 寄生虫病的诊断与防控技术
  - 1. 寄生虫病的诊断技术
    - (1)消化道与呼吸道寄生虫病的诊断
    - (2)血液与组织内寄生虫病的诊断
    - (3)外寄生虫病的诊断
  - 2. 寄生虫病的防控技术
    - (1)寄生虫病的常规防控措施
    - (2)药物的选择与应用
    - (3)免疫预防

知识点讲解

试题解析

三、人兽共患寄生虫病

- 人兽共患寄生虫病
  - 1. 弓形虫病
    - (1)病原
    - (2)流行特点
    - (3)症状与病理变化
    - (4)诊断
    - (5)防治
  - 2. 利什曼原虫病
    - (1)病原
    - (2)流行特点
    - (3)症状与病理变化
    - (4)诊断
    - (5)防治
  - 3. 日本分体吸虫病(日本血吸虫病)
    - (1)病原
    - (2)流行特点
    - (3)症状与病理变化
    - (4)诊断
    - (5)防治
  - 4. 片形吸虫病
    - (1)病原
    - (2)流行特点
    - (3)症状与病理变化
    - (4)诊断
    - (5)防治
  - 5. 猪囊尾蚴病
    - (1)病原
    - (2)流行特点
    - (3)症状与病理变化
    - (4)诊断
    - (5)防治
  - 6. 棘球蚴病
    - (1)病原
    - (2)流行特点
    - (3)症状与病理变化
    - (4)诊断
    - (5)防治
  - 7. 旋毛虫病
    - (1)病原
    - (2)流行特点
    - (3)症状与病理变化
    - (4)诊断
    - (5)防治

知识点讲解

试题解析

四、多种动物共患寄生虫病

多种动物共患寄生虫病

- 1. 伊氏锥虫病
  - (1)病原
  - (2)流行特点
  - (3)症状与病理变化
  - (4)诊断
  - (5)防治
- 2. 新孢子虫病
  - (1)病原
  - (2)流行特点
  - (3)症状与病理变化
  - (4)诊断
  - (5)防治
- 3. 隐孢子虫病
  - (1)病原
  - (2)流行特点
  - (3)症状与病理变化
  - (4)诊断
  - (5)防治
- 4. 肉孢子虫病
  - (1)病原
  - (2)流行特点
  - (3)症状与病理变化
  - (4)诊断
  - (5)防治
- 5. 华支睾吸虫病
  - (1)病原
  - (2)流行特点
  - (3)症状与病理变化
  - (4)诊断
  - (5)防治
- 6. 类圆线虫病
  - (1)病原
  - (2)流行特点
  - (3)症状与病理变化
  - (4)诊断
  - (5)防治
- 7. 毛尾线虫病
  - (1)病原
  - (2)流行特点
  - (3)症状与病理变化
  - (4)诊断
  - (5)防治
- 8. 疥螨病
  - (1)病原
  - (2)流行特点
  - (3)症状与病理变化
  - (4)诊断
  - (5)防治
- 9. 痒螨病
  - (1)病原
  - (2)流行特点
  - (3)症状与病理变化
  - (4)诊断
  - (5)防治
- 10. 蜱病
  - (1)病原
  - (2)流行特点
  - (3)症状与病理变化
  - (4)诊断
  - (5)防治

知识点讲解　　试题解析

五、猪的寄生虫病

- 猪的寄生虫病
  - 1. 猪球虫病
    - (1)病原
    - (2)流行特点
    - (3)症状与病理变化
    - (4)诊断
    - (5)防治
  - 2. 猪小袋纤毛虫病
    - (1)病原
    - (2)流行特点
    - (3)症状与病理变化
    - (4)诊断
    - (5)防治
  - 3. 猪姜片吸虫病
    - (1)病原
    - (2)流行特点
    - (3)症状与病理变化
    - (4)诊断
    - (5)防治
  - 4. 猪消化道线虫病
    - (1)病原
    - (2)流行特点
    - (3)症状与病理变化
    - (4)诊断
    - (5)防治
  - 5. 猪肾虫病
    - (1)病原
    - (2)流行特点
    - (3)症状与病理变化
    - (4)诊断
    - (5)防治
  - 6. 猪棘头虫病
    - (1)病原
    - (2)流行特点
    - (3)症状与病理变化
    - (4)诊断
    - (5)防治

知识点讲解　　　　试题解析

六、牛、羊的寄生虫病

- 牛、羊的寄生虫病
  - 1. 巴贝斯虫病
    - (1)病原
    - (2)流行特点
    - (3)症状与病理变化
    - (4)诊断
    - (5)防治
  - 2. 牛、羊泰勒虫病
    - (1)病原
    - (2)流行特点
    - (3)症状与病理变化
    - (4)诊断
    - (5)防治
  - 3. 牛、羊球虫病
    - (1)病原
    - (2)流行特点
    - (3)症状与病理变化
    - (4)诊断
    - (5)防治
  - 4. 牛胎儿三毛滴虫病
    - (1)病原
    - (2)流行特点
    - (3)症状与病理变化
    - (4)诊断
    - (5)防治
  - 5. 牛、羊吸虫病（歧腔吸虫病、阔盘吸虫病和东毕吸虫病）
    - (1)病原
    - (2)流行特点
    - (3)症状与病理变化
    - (4)诊断
    - (5)防治
  - 6. 牛、羊消化道线绦虫病
    - (1)病原
    - (2)流行特点
    - (3)症状与病理变化
    - (4)诊断
    - (5)防治
  - 7. 羊脑多头蚴病
    - (1)病原
    - (2)流行特点
    - (3)症状与病理变化
    - (4)诊断
    - (5)防治
  - 8. 牛、羊消化道线虫病（牛蛔虫病）
    - (1)病原
    - (2)流行特点
    - (3)症状与病理变化
    - (4)诊断
    - (5)防治
  - 9. 牛、羊肺线虫病
    - (1)病原
    - (2)流行特点
    - (3)症状与病理变化
    - (4)诊断
    - (5)防治
  - 10. 牛皮蝇蛆病
    - (1)病原
    - (2)流行特点
    - (3)症状与病理变化
    - (4)诊断
    - (5)防治
  - 11. 羊狂蝇蛆病
    - (1)病原
    - (2)流行特点
    - (3)症状与病理变化
    - (4)诊断
    - (5)防治

知识点讲解　　　　试题解析

七、马的寄生虫病

- 马的寄生虫病
  - 1. 驽巴贝斯虫病
    - (1)病原
    - (2)流行特点
    - (3)症状与病理变化
    - (4)诊断
    - (5)防治
  - 2. 马媾疫
    - (1)病原
    - (2)流行特点
    - (3)症状与病理变化
    - (4)诊断
    - (5)防治
  - 3. 马绦虫病
    - (1)病原
    - (2)流行特点
    - (3)症状与病理变化
    - (4)诊断
    - (5)防治
  - 4. 马消化道线虫病(副蛔虫病、圆线虫病和胃线虫病)
    - (1)病原
    - (2)流行特点
    - (3)症状与病理变化
    - (4)诊断
    - (5)防治
  - 5. 马脑脊髓丝虫病与浑睛虫病
    - (1)病原
    - (2)流行特点
    - (3)症状与病理变化
    - (4)诊断
    - (5)防治
  - 6. 马胃蝇蛆病
    - (1)病原
    - (2)流行特点
    - (3)症状与病理变化
    - (4)诊断
    - (5)防治

知识点讲解

试题解析

八、禽的寄生虫病

- 禽的寄生虫病
  - 1. 组织滴虫病
    - (1)病原
    - (2)流行特点
    - (3)症状与病理变化
    - (4)诊断
    - (5)防治
  - 2. 住白细胞虫病
    - (1)病原
    - (2)流行特点
    - (3)症状与病理变化
    - (4)诊断
    - (5)防治
  - 3. 鸡球虫病
    - (1)病原
    - (2)流行特点
    - (3)症状与病理变化
    - (4)诊断
    - (5)防治
  - 4. 鸭球虫病
    - (1)病原
    - (2)流行特点
    - (3)症状与病理变化
    - (4)诊断
    - (5)防治
  - 5. 鹅球虫病
    - (1)病原
    - (2)流行特点
    - (3)症状与病理变化
    - (4)诊断
    - (5)防治
  - 6. 前殖吸虫病
    - (1)病原
    - (2)流行特点
    - (3)症状与病理变化
    - (4)诊断
    - (5)防治
  - 7. 后睾吸虫病
    - (1)病原
    - (2)流行特点
    - (3)症状与病理变化
    - (4)诊断
    - (5)防治
  - 8. 鸡绦虫病
    - (1)病原
    - (2)流行特点
    - (3)症状与病理变化
    - (4)诊断
    - (5)防治
  - 9. 鸭绦虫病
    - (1)病原
    - (2)流行特点
    - (3)症状与病理变化
    - (4)诊断
    - (5)防治
  - 10. 鹅绦虫病
    - (1)病原
    - (2)流行特点
    - (3)症状与病理变化
    - (4)诊断
    - (5)防治
  - 11. 消化道线虫病(禽蛔虫病和胃线虫病)
    - (1)病原
    - (2)流行特点
    - (3)症状与病理变化
    - (4)诊断
    - (5)防治
  - 12. 禽皮刺螨病
    - (1)病原
    - (2)流行特点
    - (3)症状与病理变化
    - (4)诊断
    - (5)防治
  - 13. 禽虱病
    - (1)病原
    - (2)流行特点
    - (3)症状与病理变化
    - (4)诊断
    - (5)防治

知识点讲解

九、犬、猫的寄生虫病

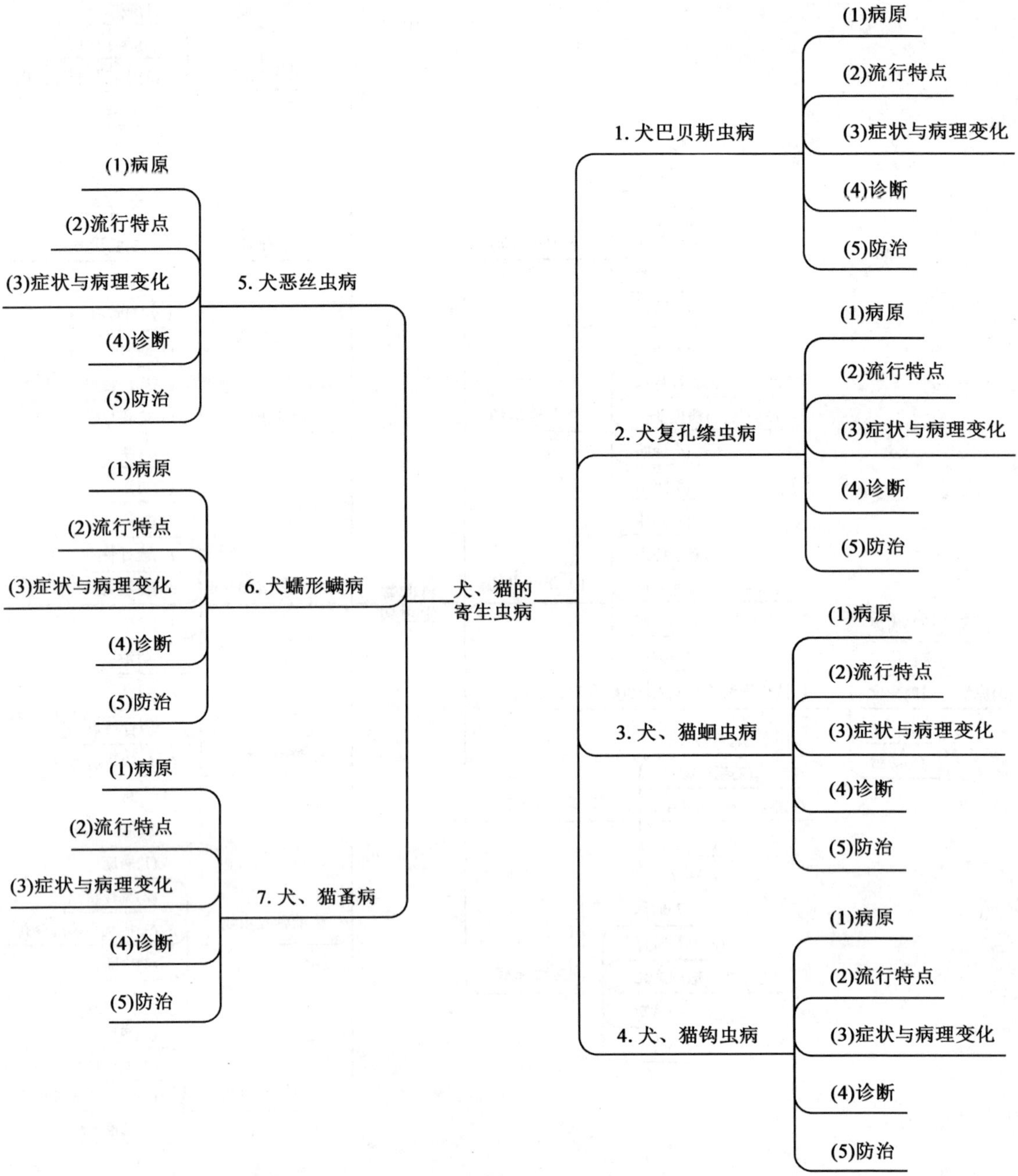

知识点讲解

十、兔的寄生虫病

- 兔的寄生虫病
  - 兔球虫病
    - (1)病原
    - (2)流行特点
    - (3)症状与病理变化
    - (4)诊断
    - (5)防治

知识点讲解

十一、家蚕的寄生虫病

- 家蚕的寄生虫病
  - 1. 微粒子病
    - (1)病原
    - (2)流行特点
    - (3)症状与病理变化
    - (4)诊断
    - (5)防治
  - 2. 蝇蛆病
    - (1)病原
    - (2)流行特点
    - (3)症状与病理变化
    - (4)诊断
    - (5)防治
  - 3. 蒲螨病
    - (1)病原
    - (2)流行特点
    - (3)症状与病理变化
    - (4)诊断
    - (5)防治

十二、蜂的寄生虫病

- 蜂的寄生虫病
  - 1. 孢子虫病
    - (1)病原
    - (2)流行特点
    - (3)症状与病理变化
    - (4)诊断
    - (5)防治
  - 2. 蜜蜂马氏管变形虫病
    - (1)病原
    - (2)流行特点
    - (3)症状与病理变化
    - (4)诊断
    - (5)防治
  - 3. 蜂螨病(狄斯蜂螨病和小蜂螨病)
    - (1)病原
    - (2)流行特点
    - (3)症状与病理变化
    - (4)诊断
    - (5)防治

试题解析

试题解析

第十单元

兽医公共卫生学

一、环境与健康

- 环境与健康
  - 1. 生态环境与人类健康
    - (1)生态系统与生态平衡的概念
    - (2)影响生态平衡的因素
    - (3)食物链
    - (4)臭氧层破坏对人类健康的影响
    - (5)环境有害因素对机体作用的一般特性
  - 2. 环境污染及对人类健康的影响
    - (1)环境污染与公害的概念
    - (2)环境污染的分类
    - (3)环境污染对人类健康的影响
    - (4)环境污染对人类健康的病理损害作用
      - 临床作用
      - 亚临床作用
      - 三致作用
      - 免疫损伤作用
      - 激素样作用
    - (5)环境污染引起的疾病(传染病，寄生虫病，职业病，地方病)
    - (6)兽药对生态环境的污染与影响
    - (7)环境污染的控制

知识点讲解

试题解析

二、动物性食品污染及控制

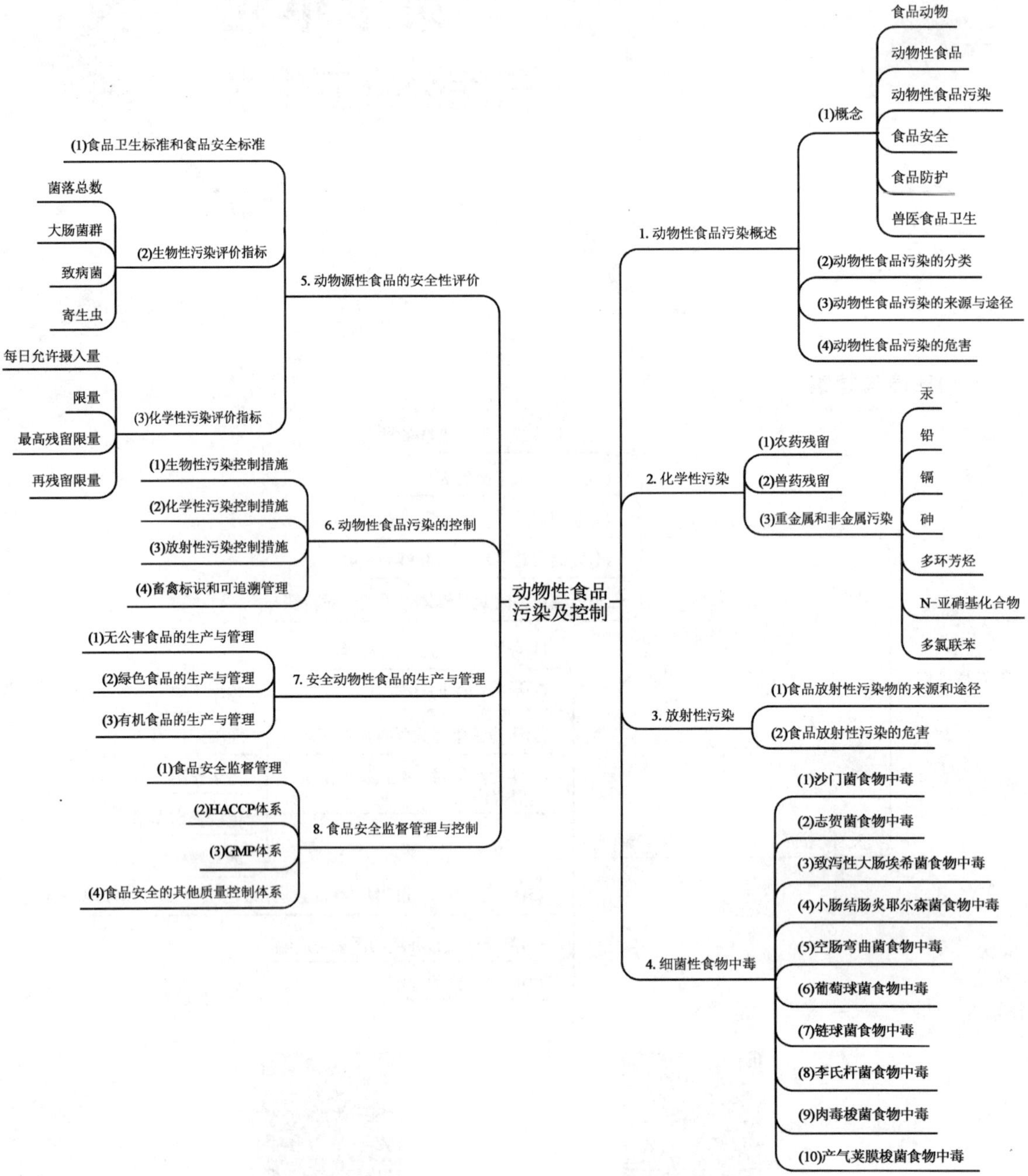

知识点讲解

试题解析

三、人兽共患病概论

- 人畜共患病概论
  - 1. 人兽共患病的概念与分类
    - (1)人兽共患病的概念
    - (2)人兽共患病的分类
      - 按病原体的种类
      - 病原体储存宿主的性质
      - 病原体的生活史
  - 2. 人兽共患病的特征及危害
    - (1)人兽共患病的特征
    - (2)人兽共患病的危害
  - 3. 人兽共患病疫源地和自然疫源地
    - (1)人兽共患病疫源地
    - (2)自然疫源地

知识点讲解　　　　试题解析

四、乳品卫生

- 乳品卫生
  - 1. 影响乳品质量安全的因素
    - (1)饲养管理
    - (2)乳畜的健康状况
    - (3)化学性染污
    - (4)微生物污染
  - 2. 乳的生产卫生
    - (1)环境与设施
    - (2)动物卫生条件
    - (3)饲养卫生和管理
    - (4)工作人员的健康与卫生
    - (5)挤奶卫生
    - (6)鲜奶盛装、储藏与运输卫生
    - (7)免疫与消毒
    - (8)监测与净化
  - 3. 乳品掺假及不合格乳的卫生评定
    - (1)乳品掺假
    - (2)不合格乳的卫生评定

知识点讲解　　　　试题解析

五、场地消毒及生物安全处理

- 场地消毒及生物安全处理
  - 1. 场地消毒技术
    - (1)养殖场的消毒
    - (2)屠宰加工车间的消毒
    - (3)冷库的消毒
    - (4)运输工具的消毒
  - 2. 污水的处理
    - (1)污水处理的原理与基本方法
    - (2)测定指标(DO,BOD,COD,SS)
    - (3)处理后的消毒
  - 3. 病害动物和病害动物产品生物安全处理
    - (1)销毁
    - (2)无害化处理
  - 4. 粪便、垫料及其他污物的无害化处理
    - (1)粪便的无害化处理
    - (2)垫料及其他污物的无害化处理

知识点讲解　　试题解析

六、动物诊疗机构及其人员公共卫生要求

- 动物诊疗机构及其人员公共卫生要求
  - 1. 动物诊疗机构的卫生要求
    - (1)环境和公共区域清洁卫生要求
    - (2)污水和废弃物处理要求
    - (3)放射线防护要求
  - 2. 动物诊疗机构医护人员防护要求
    - (1)疫病预防措施
    - (2)卫生防护要求

知识点讲解　　试题解析　　试题解析

第十一单元

兽医临床诊断学

一、兽医临床检查的基本方法

兽医临床检查的基本方法

- 1. 问诊
  - (1)概念及其重要性
  - (2)内容
  - (3)方法与技巧
  - (4)注意事项
- 2. 视诊
  - (1)基本方法
  - (2)主要内容
  - (3)注意事项
- 3. 触诊
  - (1)方法和类型
  - (2)主要内容
  - (3)注意事项
- 4. 叩诊
  - (1)声响的物理学特点
  - (2)应用范围
  - (3)方法
- 5. 听诊
  - (1)应用范围
  - (2)分类及方法
  - (3)注意事项

知识点讲解

试题解析

二、整体及一般状态的检查

- 整体及一般状态的检查
  - 1. 全身状况的检查
    - (1)性别
    - (2)年龄
    - (3)精神状态
    - (4)体格发育
    - (5)营养状况
    - (6)姿势与体态
    - (7)运动与行为
  - 2. 体温、脉博、呼吸及血压测定
    - (1)体温
    - (2)脉搏
    - (3)呼吸频率
    - (4)血压
  - 3. 被毛和皮肤的检查
    - (1)被毛检查
    - (2)皮肤的检查
    - (3)皮下组织检查
  - 4. 可视黏膜的检查
    - (1)眼结膜的检查方法
    - (2)眼结膜的检查内容
  - 5. 浅表淋巴结及淋巴管的检查
    - (1)淋巴结的检查
    - (2)淋巴管的检查
  - 6. 群畜临床检查的特点
    - (1)临床检查的方法和程序
    - (2)临床检查的内容
  - 7. 不同种属动物临床检查要点
    - (1)猪的临床检查要点
    - (2)家禽的临床检查要点
    - (3)反刍动物的临床检查要点
    - (4)家兔的临床检查要点
    - (5)犬、猫的临床检查要点

知识点讲解

试题解析

三、心血管系统检查

- 心血管系统检查
  - 1. 心脏的检查
    - (1)视诊和触诊
    - (2)叩诊
    - (3)听诊
  - 2. 血管的检查
    - (1)动脉检查
    - (2)毛细血管和静脉检查

知识点讲解　　试题解析

四、胸廓、胸壁及呼吸系统的检查

- 胸廓、胸壁及呼吸系统的检查
  - 1. 胸廓、胸壁的检查
    - (1)视诊
    - (2)触诊
  - 2. 上呼吸道的检查
    - (1)呼出气的检查
    - (2)鼻及鼻液的检查
    - (3)喉及气管检查
    - (4)鼻旁窦(副鼻窦)的检查
  - 3. 肺与胸膜的检查
    - (1)视诊
    - (2)叩诊
    - (3)听诊

知识点讲解　　试题解析

五、腹壁、腹腔及消化系统检查

- 腹壁、腹腔及消化系统检查
  - 1. 腹壁及腹腔检查
    - (1)腹壁检查
    - (2)腹腔检查
  - 2. 口、咽及食道检查
    - (1)口腔检查
    - (2)食道检查
  - 3. 胃导管技术及其应用
    - (1)使用方法
    - (2)应用
  - 4. 反刍动物前胃检查
    - (1)瘤胃检查
    - (2)网胃检查
    - (3)瓣胃检查
  - 5. 胃的检查
    - (1)反刍兽皱胃检查
    - (2)马属动物胃检查
    - (3)猪胃检查
    - (4)小动物胃检查
  - 6. 肠管检查
    - (1)反刍动物肠管检查
    - (2)马属动物肠管检查
    - (3)直肠检查
    - (4)猪肠管检查
    - (5)小动物肠管检查
  - 7. 排粪动作及粪便的感观检查
    - (1)排粪动作的检查
    - (2)粪便的感观检查
  - 8. 肝、脾检查
    - (1)肝脏的检查
    - (2)脾脏的检查

知识点讲解　　知识点讲解　　试题解析

六、泌尿系统检查

- 泌尿系统检查
  - 1. 排尿动作及尿液感观检查
    - (1)排尿反射
    - (2)排尿动作检查
    - (3)尿液的感观检查
  - 2. 肾脏及输尿管检查
    - (1)肾脏检查
    - (2)输尿管检查
  - 3. 膀胱及尿道检查
    - (1)膀胱检查
    - (2)尿道检查
    - (3)导尿术

知识点讲解　　　试题解析

七、生殖系统检查

- 生殖系统检查
  - 1. 雄性生殖器官检查
    - (1)包皮及包皮囊检查
    - (2)阴茎检查
    - (3)睾丸和阴囊检查
    - (4)犬前列腺检查
  - 2. 雌性生殖器官检查
    - (1)阴道检查
    - (2)子宫检查
    - (3)卵巢及输卵管检查
    - (4)乳房检查

试题解析

八、神经系统及运动机能检查

- 神经系统及运动机能检查
  - 1.颅和脊柱检查
    - (1)颅腔检查
    - (2)脊柱检查
  - 2.脑神经及特殊感觉检查
    - (1)嗅神经检查
    - (2)视神经检查
    - (3)动眼神经、滑车神经和外展神经检查
    - (4)三叉神经和面神经检查
    - (5)听神经检查
    - (6)舌咽神经和迷走神经检查
    - (7)副神经检查
    - (8)舌下神经检查
  - 3.运动机能检查
    - (1)四肢骨骼与关节检查
    - (2)肌肉检查
    - (3)不随意运动
    - (4)共济失调
  - 4.感觉机能的检查
    - (1)浅感觉的检查
    - (2)深感觉的检查
    - (3)特种感觉的检查
  - 5.反射机能的检查
    - (1)通常检查的反射活动及方法
    - (2)反射机能的病理变化
  - 6.自主神经功能检查
    - (1)交感神经紧张性亢进
    - (2)副交感神经紧张性亢进
    - (3)交感和副交感神经紧张性均亢进

知识点讲解

试题解析

九、血液的一般检验

- 血液的一般检验
  - 1.红细胞和血红蛋白
    - (1)红细胞及血红蛋白增多
    - (2)红细胞减少
  - 2.红细胞比容和相关参数的应用
    - (1)红细胞比容
    - (2)红细胞三种平均值参数计算
  - 3.白细胞计数和白细胞分类计数
    - (1)白细胞计数和白细胞分类计数方法
    - (2)白细胞特征
    - (3)白细胞变化的临床意义
  - 4.血小板计数
    - (1)血小板增多
    - (2)血小板减少
  - 5.红细胞沉降率
    - (1)血沉增快
    - (2)血沉减慢
  - 6.交叉配血试验
    - (1)玻片法
    - (2)试管法
  - 7.血细胞体积分布直方图
    - (1)红细胞体积分布直方图
    - (2)白细胞体积分布直方图
    - (3)血小板体积分布直方图

知识点讲解　　知识点讲解　　试题解析

十、兽医临床常用生化检验

- 兽医临床常用生化检验
  - 1.血糖及相关指标
    - (1)血糖
    - (2)葡萄糖耐量试验
    - (3)果糖胺
    - (4)糖化血红蛋白
  - 2.血清脂质
    - (1)血清胆固醇
    - (2)血清甘油三酯
    - (3)胆汁酸
  - 3.血清电解质
    - (1)血清钾
    - (2)血清钠
    - (3)血清氯
    - (4)血清钙
    - (5)血清磷
  - 4.肾功能检查
    - (1)尿素
    - (2)肌酐
    - (3)氨
    - (4)尿酸
    - (5)尿蛋白/肌酐比率
    - (6)肾小球功能检验
  - 5.肝功能检查
    - (1)蛋白质及其代谢产物
    - (2)胆红素及其代谢产物
    - (3)胆汁酸
    - (4)血清酶
  - 6.心肌损害指标
    - (1)肌酸激酶
    - (2)天冬氨酸氨基转移酶
    - (3)乳酸脱氢酶
  - 7.胰脏损伤指标
    - (1)α-淀粉酶
    - (2)脂肪酶

知识点讲解

试题解析

十一、排泄物、分泌物及其他体液检验

- 排泄物、分泌物及其他体液检验
  - 1.尿液检验
    - (1)样本的采集和保存
    - (2)一般性状检查
    - (3)显微镜检查
    - (4)化学检验
  - 2.粪便和呕吐物检验
    - (1)粪便和呕吐物显微镜检查
    - (2)化学检验
  - 3.脑脊髓液检验
    - (1)样本采集和保存
    - (2)一般现状检查
    - (3)显微镜检查
    - (4)化学检验
  - 4.浆膜腔积液检验
    - (1)样本的采集和保存
    - (2)一般现状检查
    - (3)显微镜检查
    - (4)化学检验

知识点讲解　　试题解析

十二、X 线检查

- X线检查
  - 1.X线检查的基础
    - (1)X线成像及其基本原理
    - (2)X线图像特点
    - (3)X线检查技术
    - (4)X线防护
    - (5)X线图像分析与诊断
  - 2.呼吸系统X线检查
    - (1)检查方法
    - (2)正常X线表现
    - (3)常见疾病X线诊断
  - 3.循环系统X线检查
    - (1)检查方法
    - (2)正常X线表现
    - (3)常见疾病的X线表现
  - 4.消化系统X线检查
    - (1)检查方法
    - (2)正常X线表现
    - (3)常见疾病的X线诊断
  - 5.泌尿生殖系统X线检查
    - (1)检查方法
    - (2)正常X线表现
    - (3)常见疾病的X线诊断
  - 6.骨骼和关节X线检查
    - (1)检查方法
    - (2)正常X线解剖
    - (3)常见病变的基本X线表现
    - (4)常见疾病的X线诊断

知识点讲解

试题解析

十三、超声检查

- 超声检查
  - 1.超声诊断的基本知识
    - (1)超声波及其物理学特性
    - (2)动物体组织结构的回声性质与超声图像诊断
  - 2.超声诊断的类型
    - (1)A型超声波诊断
    - (2)B型超声波诊断
    - (3)M型超声波诊断
    - (4)多普勒超声诊断
  - 3.超声诊断的临床应用
    - (1)肝、胆、脾、肾、胰的超声检查
    - (2)泌尿系统的超声检查
    - (3)妊娠诊断
    - (4)心脏的超声诊断
    - (5)腹水

试题解析

十四、兽医内镜诊断技术

- 兽医内镜诊断技术
  - 1.内镜的基本知识
    - (1)种类
    - (2)用途
  - 2.消化道内镜检查
    - (1)消化道内镜检查种类
    - (2)适应证与禁忌证
    - (3)术前准备
    - (4)消化道常见疾病的内镜诊断
  - 3.纤维支气管镜检查
    - (1)适应证与禁忌证
    - (2)术前准备
    - (3)临床应用
    - (4)并发症

试题解析

十五、兽医心电图检查

- 兽医心电图检查
  - 1. 临床心电图基础
    - (1) 心电发生原理及心电向量
    - (2) 导联
    - (3) 心电图的记录
    - (4) 心电图分析步骤和方法
  - 2. 正常心电图
    - (1) 心电图的组成与命名
    - (2) 心电图的测量方法
    - (3) 心电图各波段正常值及临床意义
  - 3. 心电图的临床应用
    - (1) 心房、心室肥大
    - (2) 心肌缺血
    - (3) 心肌梗死
    - (4) 心律失常
    - (5) 电解质紊乱及药物对心电图的影响

知识点讲解

十六、兽医医疗处方与病历书写

- 兽医医疗处方与病历书写
  - 处方病历
    - (1) 处方格式与规范
    - (2) 病历书写内容与规范

知识点讲解

试题解析

十七、症状及症候学

- 症状及症候学
  - 1.临床检查的基本程序和症状
    - (1)临床检查的基本程序
    - (2)症状的分类
  - 2.症候学
    - (1)发热
    - (2)水肿
    - (3)脱水
    - (4)黄疸
    - (5)呼吸困难
    - (6)发绀
    - (7)咳嗽
    - (8)红尿
    - (9)呕吐
    - (10)流涎
    - (11)腹泻
    - (12)便秘
    - (13)疼痛
    - (14)意识障碍
    - (15)瘫痪

知识点讲解

试题解析

十八、动物保定技术

- 动物保定技术——主要动物的保定技术
  - (1)牛保定方法及注意事项
  - (2)马保定方法及注意事项
  - (3)猪保定方法及注意事项
  - (4)犬保定方法及注意事项

试题解析

十九、常用治疗技术

常用治疗技术

- 1.常用穿刺术
  - (1)静脉穿刺部位及方法
  - (2)胸腔穿刺部位及方法
  - (3)腹腔穿刺部位及方法
  - (4)瘤胃穿刺部位及方法
  - (5)瓣胃穿刺部位及方法
  - (6)真胃穿刺部位及方法
  - (7)膀胱穿刺部位及方法
- 2.投药法
  - (1)水剂投药
  - (2)舔剂投药
  - (3)丸剂投药
  - (4)散剂投药
- 3.注射法
  - (1)静脉注射法
  - (2)肌内注射法
  - (3)皮下注射法
- 4.液体疗法
  - (1)适应证
  - (2)液体选择及应用
  - (3)疗效评价
- 5.输氧
  - (1)适应证
  - (2)原则及应用
- 6.输血
  - (1)适应证
  - (2)原则及应用

试题解析

第十二单元
兽医内科学

一、内科病总论

- 总论
  - 1.器官系统疾病概述
    - (1)器官系统疾病的概念
    - (2)器官系统疾病的内容
    - (3)器官系统疾病的特点
  - 2.营养代谢性疾病概述
    - (1)营养代谢性疾病的概念
    - (2)营养代谢性疾病的病因
    - (3)营养代谢性疾病的分类
    - (4)营养代谢性疾病的临床特点
    - (5)营养代谢性疾病的诊断
    - (6)营养代谢性疾病的防治原则
  - 3. 中毒性疾病概述
    - (1)毒物与中毒的概念
    - (2)毒物的致病机理
    - (3)中毒性疾病的分类
    - (4)中毒性疾病的病因
    - (5)中毒性疾病的诊断
    - (6)中毒性疾病的防治原则

知识点讲解

试题解析

二、口腔、唾液腺、咽和食管疾病

- 口腔、唾液腺、咽和食管疾病
  - 1.口炎
    - (1)病因
    - (2)临床症状
    - (3)诊断
    - (4)防治
  - 2.唾液腺炎
    - (1)病因
    - (2)临床症状
    - (3)诊断
    - (4)防治
  - 3.咽炎
    - (1)病因
    - (2)发病机理
    - (3)临床症状
    - (4)诊断
    - (5)防治
  - 4.食道阻塞
    - (1)病因
    - (2)临床症状
    - (3)诊断
    - (4)防治

试题解析

三、反刍动物前胃和皱胃疾病

反刍动物前胃和皱胃疾病

- 1.前胃弛缓
  - (1)病因
  - (2)发病机理
  - (3)临床症状
  - (4)诊断
  - (5)防治
- 2.瘤胃积食
  - (1)病因
  - (2)临床症状
  - (3)诊断
  - (4)防治
- 3.瘤胃臌气
  - (1)病因
  - (2)发病机理
  - (3)临床症状
  - (4)诊断
  - (5)防治
- 4. 创伤性网胃腹膜炎
  - (1)病因
  - (2)发病机理
  - (3)临床症状
  - (4)诊断
  - (5)防治
- 5.瓣胃阻塞
  - (1)病因
  - (2)临床症状
  - (3)诊断
  - (4)防治
- 6. 皱胃变位与扭转
  - (1)分类
  - (2)病因
  - (3)临床症状
  - (4)诊断
  - (5)防治
- 7.皱胃阻塞
  - (1)病因
  - (2)发病机理
  - (3)临床症状
  - (4)诊断
  - (5)防治
- 8. 皱胃溃疡
  - (1)病因
  - (2)临床症状
  - (3)诊断
  - (4)防治

知识点讲解

试题解析

四、其他胃肠疾病

- 其他胃肠疾病
  - 1.幼畜消化不良
    - (1)病因
    - (2)临床症状
    - (3)诊断
    - (4)防治
  - 2.胃炎
    - (1)病因
    - (2)临床症状
    - (3)诊断
    - (4)防治
  - 3.犬胃扩张-扭转综合征
    - (1)病因
    - (2)临床症状
    - (3)诊断
    - (4)防治
  - 4.犬猫胃肠异物
    - (1)病因
    - (2)临床症状
    - (3)诊断
    - (4)防治
  - 5.马急性胃扩张
    - (1)病因
    - (2)临床症状
    - (3)诊断
    - (4)防治
  - 6.肠炎
    - (1)病因
    - (2)临床症状
    - (3)诊断
    - (4)防治
  - 7.肠变位(肠套叠、肠扭转)
    - (1)分类
    - (2)病因
    - (3)临床症状
    - (4)诊断
    - (5)治疗
  - 8.肠便秘
    - (1)病因
    - (2)临床症状
    - (3)诊断
    - (4)防治

知识点讲解　　　　试题解析

五、肝胆、腹膜和胰腺疾病

- 肝胆、腹膜和胰腺疾病
  - 1.肝炎
    - (1)病因
    - (2)发病机理
    - (3)临床症状
    - (4)诊断
    - (5)防治
  - 2.胆囊炎
    - (1)病因
    - (2)临床症状
    - (3)诊断
    - (4)防治
  - 3.腹膜炎
    - (1)病因
    - (2)临床症状
    - (3)诊断
    - (4)防治
  - 4.胰腺炎
    - (1)病因
    - (2)临床症状
    - (3)诊断
    - (4)防治

知识点讲解

试题解析

六、呼吸器官疾病

- 呼吸器官疾病
  - 1.鼻炎
    - (1)病因
    - (2)发病机理
    - (3)临床症状
    - (4)诊断
    - (5)防治
  - 2.喉炎
    - (1)病因
    - (2)临床症状
    - (3)诊断
    - (4)治疗
  - 3.支气管炎
    - (1)病因
    - (2)临床症状
    - (3)诊断
    - (4)治疗
  - 4.肺充血和肺水肿
    - (1)病因
    - (2)发病机理
    - (3)临床症状
    - (4)诊断
    - (5)防治
  - 5.肺泡气肿
    - (1)分类
    - (2)病因
    - (3)临床症状
    - (4)诊断
    - (5)治疗
  - 6.间质性肺气肿
    - (1)病因
    - (2)临床症状
    - (3)诊断
    - (4)治疗
  - 7.支气管肺炎
    - (1)病因
    - (2)临床症状
    - (3)诊断
    - (4)防治
  - 8.大叶性肺炎
    - (1)病因
    - (2)临床症状
    - (3)诊断
    - (4)防治
  - 9.胸膜炎
    - (1)病因
    - (2)临床症状
    - (3)诊断
    - (4)防治
  - 10.异物性肺炎
    - (1)病因
    - (2)临床症状
    - (3)诊断
    - (4)防治

知识点讲解　　试题解析

七、血液循环系统疾病

- 血液循环系统疾病
  - 1.牛创伤性心包炎
    - (1)病因
    - (2)发病机理
    - (3)临床症状
    - (4)诊断
    - (5)防治
  - 2.心力衰竭
    - (1)病因
    - (2)发病机理
    - (3)临床症状
    - (4)诊断
    - (5)防治
  - 3.心肌炎
    - (1)病因
    - (2)发病机理
    - (3)临床症状
    - (4)诊断
    - (5)防治
  - 4.心脏扩张
    - (1)病因
    - (2)临床症状
    - (3)防治
  - 5.心肌肥大
    - (1)病因
    - (2)临床症状
    - (3)诊断
    - (4)治疗
  - 6.心内膜炎
    - (1)病因
    - (2)临床症状
    - (3)诊断
    - (4)治疗
  - 7.心脏瓣膜病
    - (1)病因
    - (2)临床症状
    - (3)诊断
    - (4)防治
  - 8.贫血
    - (1)分类
    - (2)病因
    - (3)发病机理
    - (4)临床症状
    - (5)诊断
    - (6)防治

知识点讲解

试题解析

八、泌尿系统疾病

- 泌尿系统疾病
  - 1.肾炎
    - (1)病因
    - (2)发病机理
    - (3)临床症状
    - (4)诊断
    - (5)治疗
  - 2.肾病
    - (1)病因
    - (2)发病机理
    - (3)临床症状
    - (4)诊断
    - (5)治疗
  - 3.尿道炎
    - (1)病因
    - (2)临床症状
    - (3)诊断
    - (4)治疗
  - 4.膀胱炎
    - (1)病因
    - (2)临床症状
    - (3)诊断
    - (4)治疗
  - 5.膀胱麻痹
    - (1)病因
    - (2)临床症状
    - (3)诊断
    - (4)治疗
  - 6.尿石症
    - (1)病因
    - (2)发病机理
    - (3)临床症状
    - (4)诊断
    - (5)治疗
  - 7.猫下泌尿道疾病
    - (1)病因
    - (2)临床症状
    - (3)诊断
    - (4)治疗
  - 8.急性肾功能衰竭
    - (1)病因
    - (2)发病机理
    - (3)临床症状
    - (4)诊断
    - (5)治疗
  - 9.慢性肾功能衰竭
    - (1)病因
    - (2)发病机理
    - (3)临床症状
    - (4)诊断
    - (5)治疗

知识点讲解

试题解析

九、神经系统疾病

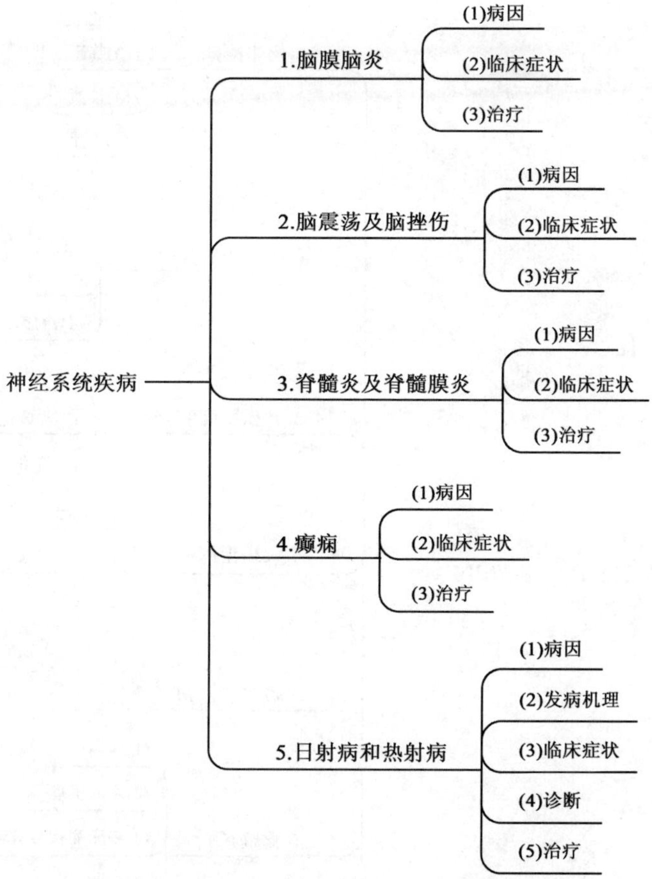

知识点讲解

试题解析

十、糖、脂肪及蛋白质代谢障碍疾病

- 糖、脂肪及蛋白质代谢障碍疾病
  - 1.奶牛酮病
    - (1)病因
    - (2)发病机理
    - (3)临床症状
    - (4)诊断
    - (5)治疗
  - 2.奶牛肥胖综合征
    - (1)病因
    - (2)临床症状
    - (3)诊断
    - (4)治疗
  - 3.犬猫肥胖综合征
    - (1)病因
    - (2)临床症状
    - (3)防治
  - 4.犬猫糖尿病
    - (1)病因
    - (2)临床症状
    - (3)防治
  - 5.蛋鸡脂肪肝综合征
    - (1)病因
    - (2)临床症状
    - (3)防治
  - 6.禽痛风
    - (1)病因
    - (2)发病机理
    - (3)临床症状与病理变化
    - (4)诊断
    - (5)防治
  - 7.营养衰竭征
    - (1)病因
    - (2)发病机理
    - (3)临床症状
    - (4)诊断
    - (5)防治

知识点讲解　　　　试题解析

十一、矿物质代谢障碍疾病

- 矿物质代谢障碍疾病
  - 1.佝偻病
    - (1)病因
    - (2)临床症状
    - (3)防治
  - 2.骨软症
    - (1)病因
    - (2)发病机理
    - (3)临床症状
    - (4)防治
  - 3.纤维性骨营养不良
    - (1)病因
    - (2)临床症状
    - (3)防治
  - 4.牛血红蛋白尿病
    - (1)病因
    - (2)发病机理
    - (3)临床症状
    - (4)诊断
    - (5)防治
  - 5.母牛趴卧不起综合征
    - (1)病因
    - (2)临床症状
    - (3)防治
  - 6.笼养蛋鸡疲劳综合征
    - (1)病因
    - (2)发病机理
    - (3)临床症状
    - (4)诊断
    - (5)防治
  - 7.鸡胫骨软骨发育不良
    - (1)病因
    - (2)临床症状
    - (3)防治
  - 8.青草搐搦
    - (1)病因
    - (2)临床症状
    - (3)防治

知识点讲解　　　　试题解析

十二、维生素与微量元素缺乏症

- 维生素与微量元素缺乏症
  - 1.维生素A缺乏症
    - (1)病因
    - (2)发病机理
    - (3)临床症状
    - (4)诊断
    - (5)防治
  - 2.维生素K缺乏症
    - (1)病因
    - (2)发病机理
    - (3)临床症状
    - (4)防治
  - 3.B族维生素缺乏症
    - (1)分类
    - (2)病因
    - (3)临床特点
    - (4)防治原则
  - 4.硒和维生素E缺乏症
    - (1)病因
    - (2)发病机理
    - (3)临床症状
    - (4)诊断
    - (5)防治
  - 5.铜缺乏症
    - (1)临床特点
    - (2)防治原则
  - 6.铁缺乏症
    - (1)临床特点
    - (2)防治原则
  - 7.锰缺乏症
    - (1)临床特点
    - (2)防治原则
  - 8.锌缺乏症
    - (1)临床特点
    - (2)防治原则
  - 9.钴缺乏症
    - (1)临床特点
    - (2)防治原则
  - 10.碘缺乏症
    - (1)临床特点
    - (2)防治原则

知识点讲解

试题解析

十三、饲料源性毒物中毒

- 饲料源性毒物中毒
  - 1.硝酸盐与亚硝酸盐中毒
    - (1)中毒机理
    - (2)临床症状
    - (3)防治
  - 2.棉籽与棉籽饼粕中毒
    - (1)中毒机理
    - (2)临床症状
    - (3)防治
  - 3.菜籽饼粕中毒
    - (1)中毒机理
    - (2)临床症状
    - (3)防治
  - 4.氢氰酸中毒
    - (1)病因
    - (2)中毒机理
    - (3)临床症状
    - (4)防治

知识点讲解

试题解析

十四、有毒植物与霉菌毒素中毒

有毒植物与霉菌毒素中毒

- 1.疯草中毒(马、羊、牛)
  - (1)病因
  - (2)中毒机理
  - (3)临床症状
  - (4)防治
- 2.栎树叶中毒(牛、羊)
  - (1)中毒机理
  - (2)临床症状
  - (3)防治
- 3.蕨中毒(牛、马)
  - (1)中毒机理
  - (2)临床症状
  - (3)防治
- 4.黄曲霉毒素中毒
  - (1)病因
  - (2)中毒机理
  - (3)临床症状
  - (4)防治
- 5.呕吐毒素中毒
  - (1)病因
  - (2)中毒机理
  - (3)临床症状
  - (4)防治
- 6.杂色曲霉毒素中毒(马、羊)
  - (1)病因
  - (2)中毒机理
  - (3)临床症状
  - (4)防治
- 7.单端孢霉毒素中毒(猪、禽)
  - (1)病因
  - (2)中毒机理
  - (3)临床症状
  - (4)防治
- 8.玉米赤霉烯酮中毒(猪)
  - (1)病因
  - (2)中毒机理
  - (3)临床症状
  - (4)防治
- 9.赭曲霉毒素中毒(猪)
  - (1)病因
  - (2)中毒机理
  - (3)临床症状
  - (4)防治
- 10.伏马菌素中毒(猪)
  - (1)病因
  - (2)中毒机理
  - (3)临床症状
  - (4)防治
- 11.T2毒素中毒(猪、牛、家禽)
  - (1)病因
  - (2)中毒机理
  - (3)临床症状
  - (4)防治
- 12.青霉毒素类中毒
  - (1)病因
  - (2)中毒机理
  - (3)临床症状
  - (4)防治
- 13.黑斑病甘薯毒素中毒
  - (1)病因
  - (2)中毒机理
  - (3)临床症状
  - (4)防治

试题解析

试题解析

十五、矿物类及微量元素中毒

- 矿物类及微量元素中毒
  - 1.无机氟化物中毒
    - (1)病因
    - (2)中毒机理
    - (3)临床症状
    - (4)防治
  - 2.食盐中毒
    - (1)中毒机理
    - (2)临床症状
    - (3)防治
  - 3.铅中毒
    - (1)中毒机理
    - (2)临床症状
    - (3)防治原则
  - 4.砷中毒
    - (1)中毒机理
    - (2)临床特点
    - (3)防治原则
  - 5.汞中毒
    - (1)中毒机理
    - (2)临床特点
    - (3)防治原则
  - 6.钼中毒
    - (1)中毒机理
    - (2)临床特点
    - (3)防治原则
  - 7.铜中毒
    - (1)中毒机理
    - (2)临床特点
    - (3)防治原则
  - 8.镉中毒
    - (1)中毒机理
    - (2)临床特点
    - (3)防治原则
  - 9.硒中毒
    - (1)中毒机理
    - (2)临床特点
    - (3)防治原则

知识点讲解　　　　试题解析

十六、其他中毒病

- 其他中毒病
  - 1.有机磷农药中毒
    - (1)病因
    - (2)中毒机理
    - (3)临床症状
    - (4)防治
  - 2.有机氟化物中毒
    - (1)病因
    - (2)中毒机理
    - (3)临床症状
    - (4)防治
  - 3.尿素中毒
    - (1)病因
    - (2)中毒机理
    - (3)临床症状
    - (4)防治
  - 4.灭鼠药中毒
    - (1)中毒机理
    - (2)临床特点
    - (3)防治
  - 5.犬洋葱及大葱中毒
    - (1)中毒机理
    - (2)临床症状
    - (3)防治
  - 6.瘤胃酸中毒
    - (1)病因
    - (2)中毒机理
    - (3)临床症状
    - (4)防治
  - 7.维生素A中毒
    - (1)中毒机理
    - (2)临床症状
    - (3)防治
  - 8.磺胺类药物中毒
    - (1)临床特点
    - (2)防治原则
  - 9.阿维菌素类药物中毒
    - (1)临床特点
    - (2)防治原则

试题解析

十七、其他内科疾病

- 其他内科疾病
  - 1.肉鸡腹水综合征
    - (1)病因
    - (2)发病机理
    - (3)临床症状与病理变化
    - (4)诊断
    - (5)防治
  - 2.应激综合征
    - (1)病因
    - (2)发病机理
    - (3)临床症状
    - (4)防治
  - 3.过敏性休克
    - (1)病因
    - (2)发病机理
    - (3)临床症状
    - (4)防治
  - 4.甲状腺功能亢进症
    - (1)病因
    - (2)发病机理
    - (3)临床症状
    - (4)治疗
  - 5.甲状腺功能减退症
    - (1)病因
    - (2)发病机理
    - (3)临床症状
    - (4)治疗
  - 6.甲状旁腺功能亢进症
    - (1)病因
    - (2)发病机理
    - (3)临床症状
    - (4)治疗
  - 7.甲状旁腺功能减退症
    - (1)病因
    - (2)发病机理
    - (3)临床症状
    - (4)治疗
  - 8.肾上腺皮质功能亢进症（库兴氏综合征）
    - (1)病因
    - (2)临床症状
    - (3)诊断
    - (4)治疗
  - 9.肾上腺皮质功能减退症（阿狄森氏病）
    - (1)病因
    - (2)发病机理
    - (3)临床症状
    - (4)治疗

知识点讲解　　　　试题解析

第十三单元

兽医外科与外科手术学

一、外科感染

- 外科感染
  - 1.概述
    - (1)外科感染的概念
    - (2)外科感染分类
    - (3)外科感染常见病原体
    - (4)外科感染的特点与病程演变
    - (5)影响外科感染的因素
    - (6)外科感染的症状与治疗
  - 2.局部外科感染
    - (1)疖和痈的概念、临床特征与治疗
    - (2)脓肿的诊断与治疗
    - (3)蜂窝织炎的分类、症状、诊断与治疗
    - (4)厌气性和腐败性感染的诊断与治疗
  - 3.全身化脓性感染
    - (1)概念与分类
    - (2)临床症状
    - (3)综合性治疗措施

知识点讲解

试题解析

二、损伤

- 损伤
  - 1.创伤
    - (1)创伤的分类
    - (2)创伤愈合分期及愈合过程
    - (3)影响创伤愈合的因素
    - (4)创伤愈合的临床特点
    - (5)创伤的治疗
  - 2.软组织非开放性损伤
    - (1)血肿的诊断与治疗原则
    - (2)挫伤的诊断与治疗
    - (3)淋巴外渗的诊断与治疗
  - 3.烧伤与冻伤
    - (1)烧伤的分类、特征与治疗原则
    - (2)冻伤的分类、特征与治疗原则
  - 4.损伤的并发症
    - (1)溃疡的特点与治疗
    - (2)窦道和瘘管的临床鉴别诊断
    - (3)坏疽的临床特征与治疗
    - (4)外科休克的特点、临床表现与治疗要点

知识点讲解

试题解析

三、肿瘤

- 肿瘤
  - 1.概论
    - (1)肿瘤的流行病学
    - (2)肿瘤的病因
    - (3)肿瘤的症状与诊断
    - (4)良性肿瘤的治疗方法
    - (5)恶性肿瘤的治疗方法
  - 2.常见肿瘤
    - (1)鳞状细胞癌的症状与治疗
    - (2)纤维肉瘤的症状与治疗
    - (3)犬肥大细胞瘤的症状与治疗
    - (4)犬、猫淋巴肉瘤的症状与治疗
    - (5)乳头状瘤的症状与治疗
    - (6)犬乳腺肿瘤的症状与治疗
    - (7)犬可传播性肿瘤的症状与治疗
    - (8)黑色素瘤的症状与治疗
    - (9)足细胞瘤的症状与治疗

知识点讲解　　试题解析

四、风湿病

- 风湿病
  - 1.风湿病的病因及病理分期
  - 2.风湿病的分类、症状与治疗
    - (1)分类与症状
    - (2)诊断与治疗

知识点讲解　　试题解析

五、眼病

- 眼病
  - 1.眼科检查方法
    - (1)一般检查方法
    - (2)泪液检查
    - (3)眼内压测定
    - (4)检眼镜的使用
    - (5)眼病的临床治疗技术(增加鼻内管冲洗术、裂隙检查)
  - 2.眼睑和第三眼睑腺疾病
    - (1)睑内翻的病因与临床表现
    - (2)睑外翻的病因与临床表现
    - (3)第三眼睑腺突出的病因与临床表现
  - 3.角膜炎
    - (1)病因与症状
    - (2)诊断与治疗
  - 4.结膜炎
    - (1)病因与症状
    - (2)诊断与治疗
  - 5.牛传染性角膜结膜炎
    - (1)病因与症状
    - (2)诊断与预防
  - 6.马周期性眼炎(指南增补)
    - (1)病因与症状
    - (2)诊断与治疗
  - 7.角膜溃疡与穿孔
    - (1)病因与症状
    - (2)诊断与治疗
  - 8.青光眼
    - (1)发病机理
    - (2)病因与症状
    - (3)治疗方法
  - 9.白内障
    - (1)病因与症状
    - (2)诊断与治疗
  - 10.虹膜炎
    - (1)病因
    - (2)症状与治疗
  - 11.视网膜炎
    - (1)病因
    - (2)症状与治疗

知识点讲解　　　　试题解析

六、头、颈部疾病

- 头、颈部疾病
  - 1.耳病
    - (1)耳的检查
    - (2)耳血肿的病因、症状与治疗
    - (3)外耳炎的病因、症状与治疗
    - (4)中耳炎和内耳炎的病因、诊断与治疗
  - 2.颌面部疾病
    - (1)面神经麻痹的病因、症状与治疗
    - (2)马、牛鼻旁窦炎的病因、症状与治疗
  - 3.齿病
    - (1)齿龈炎和牙周炎的病因、症状与治疗
    - (2)犬、猫牙结石的症状与治疗
    - (3)齿槽骨膜炎的症状与治疗
    - (4)龋齿的病因、症状与治疗
    - (5)牙齿不正的分类与治疗
  - 4.犬舌下腺囊肿
    - (1)病因与症状
    - (2)诊断与治疗
  - 5.颈静脉炎
    - (1)病因、分类与症状
    - (2)诊断与治疗
  - 6.斜颈
    - (1)病因与症状
    - (2)诊断与治疗

知识点讲解　　　试题解析

七、胸、腹壁创伤

- 胸、腹壁创伤
  - 1.胸壁透创及其并发症
    - (1)症状
    - (2)气胸的分类、诊断与治疗
    - (3)血胸的诊断与治疗
    - (4)脓胸的诊断与治疗
  - 2.腹壁透创
    - (1)类型与症状
    - (2)治疗

知识点讲解　　　试题解析

八、疝

- 疝
  - 1.概述
    - (1)疝的概念、组成与病因
    - (2)疝的分类
  - 2.脐疝
    - (1)病因与症状
    - (2)一般治疗方法
  - 3.创伤性腹壁疝
    - (1)病因与症状
    - (2)一般治疗方法
  - 4.犬会阴疝
    - (1)局部解剖
    - (2)病因、症状与诊断
    - (3)一般治疗方法
  - 5.腹股沟疝
    - (1)病因
    - (2)症状与诊断
    - (3)一般治疗方法
  - 6.阴囊疝
    - (1)病因
    - (2)症状与诊断
    - (3)一般治疗方法
  - 7.膈疝
    - (1)牛、马及犬膈疝的临床特点
    - (2)一般治疗方法

知识点讲解

试题解析

九、直肠与肛门疾病

- 直肠与肛门疾病
  - 1.锁肛
    - (1)病因
    - (2)症状与治疗
  - 2.巨结肠
    - (1)病因与症状
    - (2)诊断与治疗
  - 3.直肠脱
    - (1)症状
    - (2)治疗
  - 4.犬肛门囊炎
    - (1)病因与症状
    - (2)治疗方法
  - 5.直肠破裂
    - (1)种类
    - (2)诊断与治疗

知识点讲解

试题解析

十、泌尿与生殖系统疾病

- 泌尿与生殖系统疾病
  - 1.膀胱破裂
    - (1)症状
    - (2)诊断与治疗
  - 2.犬前列腺增生与前列腺炎
    - (1)前列腺增生的病因、症状与治疗
    - (2)前列腺炎的病因、症状与治疗
  - 3.隐睾
    - (1)病因与症状
    - (2)诊断与治疗

知识点讲解　　　试题解析

十一、跛行诊断

- 跛行诊断
  - 1.概论
    - (1)跛行的种类
    - (2)各种跛行的特征
    - (3)跛行的程度
  - 2.马、牛、犬跛行的诊断方法
    - (1)马跛行诊断方法
    - (2)牛跛行诊断的特殊性
    - (3)犬跛行诊断的特点

知识点讲解　　　试题解析

十二、四肢疾病

- 四肢疾病
  - 1.骨膜炎
    - (1)症状与诊断
    - (2)治疗
  - 2.骨折
    - (1)骨折的病因
    - (2)骨折的临床特点
    - (3)骨折的愈合过程
    - (4)影响骨折愈合的因素
    - (5)骨折修复中的并发症
    - (6)骨折的治疗原则
    - (7)骨折的急救
    - (8)骨折的内、外固定技术
    - (9)犬猫骨盆骨折
    - (10)犬猫股骨骨折
    - (11)犬猫肱骨骨折
    - (12)犬猫桡尺骨骨折
    - (13)犬猫胫腓骨骨折
  - 3.关节疾病
    - (1)关节挨伤的病因、诊断及治疗
    - (2)关节挫伤的病因、诊断及治疗
    - (3)关节创伤的病因、诊断及治疗
    - (4)骨关节炎的病因、诊断及治疗
  - 4.关节脱位
    - (1)一般关节脱位的症状与诊断
    - (2)牛、马、犬髌骨脱位的类型与症状
    - (3)牛、马、犬髌骨脱位的治疗
    - (4)牛、犬髋关节脱位的类型与症状
    - (5)牛、犬髋关节脱位的治疗
  - 5.犬髋关节发育异常
    - (1)定义与病因
    - (2)症状与诊断
    - (3)治疗与护理
  - 6.犬肘关节发育异常
    - (1)定义与病因
    - (2)症状与诊断
    - (3)治疗与护理
  - 7.骨髓炎
    - (1)病因与症状
    - (2)诊断
    - (3)治疗
  - 8.脊髓损伤
    - (1)病因与症状
    - (2)诊断
    - (3)治疗
  - 9.椎间盘突出
    - (1)病因与症状
    - (2)诊断
    - (3)治疗
  - 10.肌肉疾病
    - (1)肌炎的诊断与治疗
    - (2)肌肉断裂的诊断与治疗
  - 11.腱与腱鞘疾病
    - (1)腱炎的诊断与症状
    - (2)腱鞘炎类型及临床特征
    - (3)腱断裂的诊断与治疗
  - 12.黏液囊疾病
    - (1)黏液囊的分布
    - (2)肘头黏液囊炎的特点与治疗
    - (3)牛腕前黏液囊炎的特点与治疗
  - 13.神经疾病
    - (1)桡神经麻痹的症状与诊断
    - (2)闭孔神经麻痹的症状
    - (3)神经麻痹的治疗方法

知识点讲解

试题解析

十三、皮肤病

- 皮肤病
  - 1.概述
    - (1)皮肤病的临床表现
    - (2)皮肤病的诊断
  - 2.犬脓皮症
    - (1)病因与症状
    - (2)诊断
    - (3)治疗
  - 3.真菌性皮肤病
    - (1)病因与症状
    - (2)诊断与治疗
  - 4.马拉色菌病
    - (1)病因与症状
    - (2)诊断与治疗
  - 5.瘙痒症
    - (1)病因与症状
    - (2)诊断与治疗
  - 6.湿疹
    - (1)病因与症状
    - (2)诊断与治疗
  - 7.过敏性皮炎
    - (1)病因与症状
    - (2)诊断与治疗
  - 8. 甲状腺机能减退性皮肤病
    - (1)病因与症状
    - (2)诊断与治疗

知识点讲解　　试题解析

十四、蹄病

- 蹄病
  - 1.马属动物蹄病
    - (1)蹄钉伤的诊断与治疗
    - (2)蹄冠蜂窝织炎的诊断与治疗
    - (3)白线裂的诊断与治疗
    - (4)蹄骨骨折的症状与诊断
    - (5)远籽骨滑膜囊炎的病因、症状与治疗
    - (6)蹄叉腐烂的病因、症状与治疗
    - (7)蹄叶炎的病因、症状与治疗
    - (8)蹄裂的病因、症状与治疗
  - 2.牛的蹄病
    - (1)指(趾)间皮炎的症状及治疗
    - (2)指(趾)间皮肤增生的症状及治疗
    - (3)局限性蹄皮炎的诊断与治疗
    - (4)牛蹄叶炎的病因、症状与治疗
    - (5)腐蹄病的病因、症状与治疗

知识点讲解　　试题解析

十五、术前准备

- 术前准备
  - 1.手术器械的种类与使用方法
    - (1)常用手术器械
    - (2)骨科手术器械
    - (3)眼科手术器械
    - (4)手术器械的消毒方法
  - 2.手术人员的准备与消毒
    - (1)手臂的消毒
    - (2)手术服及手套的穿戴
  - 3.手术计划的制订
    - (1)手术计划的制订
    - (2)手术人员的分工
  - 4.手术动物病情稳定性治疗与术前准备
    - (1)手术动物病情稳定性治疗
    - (2)手术动物的术前检查
    - (3)手术动物的术部准备
  - 5.手术的准备
    - (1)手术室的消毒
    - (2)手术监护设备的准备
    - (3)手术急救药物的准备

知识点讲解　　试题解析

十六、麻醉技术

- 麻醉技术
  - 1.局部麻醉
    - (1)局部麻醉定义
    - (2)表面麻醉技术
    - (3)浸润麻醉技术
    - (4)传导麻醉技术
    - (5)脊髓麻醉技术
  - 2.全身麻醉
    - (1)麻醉前用药目的与种类
    - (2)吸入麻醉的概念
    - (3)常用吸入麻醉药物
    - (4)麻醉分期
    - (5)非吸入性麻醉药物种类与应用
    - (6)麻醉后护理、麻醉并发症与抢救
    - (7)麻醉监护与复苏

知识点讲解 试题解析

十七、手术基本操作

- 手术基本操作
  - 1.组织切开
    - (1)软组织的切开与分离
    - (2)骨膜的分离
  - 2.止血
    - (1)出血的种类
    - (2)全身与局部预防性止血方法
    - (3)术中止血方法
  - 3.缝合
    - (1)缝合的基本原则
    - (2)缝合材料
    - (3)缝合方法
    - (4)打结种类与注意事项
    - (5)拆线方法
  - 4.引流与包扎
    - (1)引流的适应证、种类与应用
    - (2)包扎法的类型与基本包扎法
    - (3)临床常用绷带

知识点讲解 试题解析

十八、手术技术

手术技术

- 1.头部手术
  - (1)牛断角术
  - (2)犬耳血肿手术
  - (3)犬外耳道切除术
  - (4)马鼻旁窦圆锯术
  - (5)羊多头蚴包囊摘除术
  - (6)舌下腺囊肿摘除术
  - (7)眼睑内翻矫正术
  - (8)眼睑外翻矫正术
  - (9)第三眼睑腺突出(樱桃眼)切除术和包埋(内翻)术
  - (10)眼球摘除术
  - (11)犬竖耳术(耳整形术)
  - (12)洁牙术
  - (13)拔牙术
- 2.颈部手术
  - (1)甲状腺摘除术
  - (2)气管切开术
  - (3)食管切开术
- 3.胸部手术
  - (1)犬开胸术
  - (2)胸部食管切开术
  - (3)肋骨切除术
  - (4)牛心包切开术
- 4.腹部手术
  - (1)瘤胃切开术
  - (2)牛皱胃切开术
  - (3)牛皱胃左方变位整复术
  - (4)犬、猫剖腹术
  - (5)犬胃切开术
  - (6)小肠切开术
  - (7)肠管切除及断端吻合术
  - (8)肠套叠整复术
  - (9)大肠切开术
  - (10)犬直肠固定术
  - (11)犬直肠切除术
  - (12)犬猫巨结肠切除术
  - (13)犬脾摘除术
- 5.泌尿生殖器官手术
  - (1)犬肾摘除术
  - (2)犬膀胱切开术
  - (3)犬尿道切开术
  - (4)公犬尿道造口术
  - (5)公猫尿道造口术
  - (6)去势术
  - (7)犬猫卵巢子宫切除术
  - (8)犬、猫乳腺切除术
  - (9)犬、猫剖腹产术
- 6.四肢手术
  - (1)马膝内直韧带切断术
  - (2)髋关节开放性整复术
  - (3)马指(趾)浅屈肌腱切断术
  - (4)犬股骨头切除术
  - (5)犬股骨干骨折手术
  - (6)犬股骨远端骨折手术
  - (7)犬胫、腓骨骨折手术
  - (8)犬肱骨骨折手术
  - (9)犬肱骨远端骨折手术
  - (10)犬桡尺骨骨折手术
  - (11)犬尺骨鹰嘴骨折手术
  - (12)指(趾)骨骨折手术
  - (13)犬髌骨内方脱位手术
- 7.其他手术
  - (1)犬膈疝修补术
  - (2)脐疝修补术
  - (3)腹股沟疝修补术
  - (4)阴囊疝修补术
  - (5)犬会阴疝修补术
  - (6)肛门囊摘除术

知识点讲解

试题解析

第十四单元

兽医产科学

一、动物生殖激素

- 动物生殖激素
  - 1.松果腺激素
    - 褪黑素(MLT)的临床应用
  - 2.丘脑下部激素
    - 促性腺激素释放激素(GnRH)的临床应用
  - 3.垂体激素
    - (1)促卵泡素(FSH)和促黄体素(LH)的临床应用
    - (2)催产素(OXT)的临床应用
  - 4.性腺激素
    - (1)雌激素的临床应用
    - (2)孕酮的临床应用
    - (3)雄激素的临床应用
  - 5.胎盘激素
    - (1)马绒毛膜促性腺激素(ECG)的临床应用
    - (2)人绒毛膜促性腺激素(HCG)的临床应用
  - 6.前列腺素
    - 前列腺素(PG)的临床应用

知识点讲解

试题解析

二、发情与配种

- 发情与配种
  - 1.母畜生殖功能的发展阶段
    - (1)初情期
    - (2)性成熟
    - (3)繁殖适龄期
    - (4)繁殖机能停止期
  - 2.发情周期
    - (1)发情周期的分期
    - (2)发情周期中卵巢的变化
    - (3)发情周期中的其他变化
    - (4)发情周期的调节
  - 3.常见动物的发情特点及发情鉴定
    - (1)奶牛和黄牛
    - (2)绵羊和山羊
    - (3)猪
    - (4)马和驴
    - (5)犬和猫
  - 4.配种
    - (1)母畜配种时机的确定
    - (2)人工授精技术
    - (3)胚胎移植技术

知识点讲解　　试题解析

三、受精

- 受精
  - 1.配子在受精前的准备
    - (1)配子的运行
    - (2)精子在受精前的变化
    - (3)卵子在受精前的变化
  - 2.受精过程
    - (1)精、卵的识别与结合
    - (2)精子与卵质膜的结合和融合
    - (3)皮质反应及多精子入卵的阻滞
    - (4)卵子激活
    - (5)原核发育与融合
    - (6)异常受精

知识点讲解　　试题解析

四、妊娠

- 妊娠
  - 1.妊娠期　常见动物的妊娠期
  - 2.母体的妊娠识别
    - (1)妊娠识别的含义
    - (2)妊娠识别的机理
  - 3.妊娠期母体的变化
    - (1)生殖器官的变化
    - (2)全身的变化
    - (3)内分泌的变化
  - 4.妊娠诊断的方法
    - (1)临床检查法
    - (2)实验室诊断法
    - (3)特殊诊断法
  - 5.妊娠终止技术
    - (1)妊娠终止时机的确定
    - (2)妊娠终止的方法

知识点讲解　　试题解析

五、分娩

- 分娩
  - 1. 分娩预兆
    - (1)分娩前乳房的变化
    - (2)分娩前软产道的变化
    - (3)分娩前骨盆韧带的变化
    - (4)分娩前行为与精神状态的变化
  - 2.分娩启动
    - (1)内分泌因素
    - (2)机械性因素
    - (3)神经性因素
    - (4)免疫学因素
  - 3.决定分娩过程的因素
    - (1)产力
    - (2)产道
    - (3)胎儿与母体产道的关系
  - 4.分娩的过程
    - (1)分娩过程的分期
    - (2)主要动物分娩的特点
  - 5.接产
    - (1)接产的准备工作
    - (2)正常分娩的接产
  - 6.产后期
    - (1)子宫复旧
    - (2)恶露

知识点讲解

试题解析

六、妊娠期疾病

- 妊娠期疾病
  - 1.流产
    - (1)病因
    - (2)症状
    - (3)诊断
    - (4)治疗
    - (5)预防
  - 2.孕畜浮肿
    - (1)病因
    - (2)症状
    - (3)防治方法
  - 3.阴道脱出(牛、犬)
    - (1)病因
    - (2)症状及诊断
    - (3)治疗
  - 4.妊娠毒血症(马、绵羊)
    - (1)绵羊妊娠毒血症
    - (2)马属动物妊娠毒血症

知识点讲解

试题解析

七、分娩期疾病

- 分娩期疾病
  - 1.难产的检查
    - (1)病史调查
    - (2)母畜的全身检查
    - (3)产道检查
    - (4)胎儿检查
    - (5)术后检查
  - 2.助产手术
    - (1)牵引术
    - (2)矫正术
    - (3)截胎术
    - (4)剖宫产术
    - (5)外阴切开术
  - 3.产力性难产
    - (1)子宫弛缓
    - (2)子宫痉挛
  - 4.产道性难产
    - (1)子宫颈开张不全
    - (2)阴道、阴门及前庭狭窄
    - (3)骨盆狭窄
    - (4)子宫捻转
  - 5.胎儿性难产
    - (1)胎儿过大
    - (2)双胎难产
    - (3)胎儿畸形难产
    - (4)胎势异常
    - (5)胎位异常
    - (6)胎向异常
  - 6.难产的预防
    - (1)预防难产的饲养管理措施
    - (2)预防临产动物难产的注意事项
    - (3)手术助产后的护理

知识点讲解　　试题解析

八、产后期疾病

- 产后期疾病
  - 1.产道损伤
    - (1)阴道及阴门损伤
    - (2)子宫颈损伤
  - 2.子宫破裂
    - (1)病因
    - (2)症状
    - (3)治疗
  - 3.子宫脱出
    - (1)病因
    - (2)症状
    - (3)诊断
    - (4)治疗
  - 4.胎衣不下
    - (1)病因
    - (2)症状
    - (3)治疗
  - 5.奶牛生产瘫痪
    - (1)病因
    - (2)症状
    - (3)诊断
    - (4)防治
  - 6.犬产后低钙血症
    - (1)病因
    - (2)症状
    - (3)诊断
    - (4)防治
  - 7.奶牛产后截瘫
    - (1)病因
    - (2)症状
    - (3)诊断
    - (4)防治
  - 8.产后感染
    - (1)产后阴门炎及阴道炎
    - (2)产后子宫内膜炎
    - (3)产后败血病和产后脓毒血症
  - 9.子宫复旧延迟
    - (1)病因
    - (2)症状
    - (3)治疗

知识点讲解

试题解析

九、母畜的不育

- 母畜的不育
  - 1.母畜不育的原因及分类
  - 2.先天性不育
    - (1)生殖道畸形
    - (2)卵巢发育不良
    - (3)异性孪生母犊不育
  - 3.饲养管理及利用性不育
    - (1)营养性不育
    - (2)管理利用性不育
    - (3)繁殖技术性不育
    - (4)衰老性不育
    - (5)环境气候性不育
  - 4.疾病性不育
    - (1)卵巢功能不全
    - (2)持久黄体
    - (3)卵巢囊肿
    - (4)排卵延迟及不排卵
    - (5)慢性子宫内膜炎
    - (6)奶牛子宫积液及子宫积脓
    - (7)犬子宫蓄脓
    - (8)子宫颈炎
    - (9)阴道炎
  - 5.免疫性不育
    - (1)抗精子抗体性不育
    - (2)抗透明带抗体性不育
  - 6.防治不育的综合措施

知识点讲解　　试题解析

十、公畜的不育

- 公畜的不育
  - 1.公畜不育的原因及分类
  - 2.先天性不育
    - (1)睾丸发育不全
    - (2)两性畸形
    - (3)隐睾
  - 3.疾病性不育
    - (1)睾丸炎
    - (2)羊附睾炎
    - (3)精囊腺炎综合征
    - (4)阴茎和包皮损伤
    - (5)前列腺炎

试题解析

十一、新生仔畜疾病

- 新生仔畜疾病
  - 1.窒息
    - (1)病因
    - (2)症状
    - (3)治疗
  - 2.胎粪停滞
    - (1)病因
    - (2)症状
    - (3)治疗
  - 3.脐尿管瘘
    - (1)病因
    - (2)症状
    - (3)治疗
  - 4.新生仔畜溶血病
    - (1)病因
    - (2)症状及诊断
    - (3)治疗
  - 5.新生仔畜(猪、犬)低血糖
    - (1)病因
    - (2)症状
    - (3)治疗

知识点讲解

试题解析

十二、乳房疾病

- 乳房疾病
  - 1.奶牛乳腺炎
    - (1)病因
    - (2)分类及症状
    - (3)诊断
    - (4)治疗
    - (5)预防
  - 2.其他乳房疾病
    - (1)乳房水肿
    - (2)乳房创伤
    - (3)乳池和乳头管狭窄及闭锁
    - (4)漏乳
    - (5)血乳
    - (6)乳房坏疽
  - 3.酒精阳性乳
    - (1)病因
    - (2)症状
    - (3)防治

知识点讲解

试题解析

第十五单元

中兽医学

一、基础理论

- 基础理论
  - 1.阴阳五行学说
    - (1)阴阳的相互关系及应用
    - (2)五行的相互关系及应用
  - 2.脏腑学说
    - (1)五脏的生理功能
    - (2)六腑的生理功能
    - (3)气血的生理功能与病理
    - (4)血的生理功能与病理
  - 3. 经络
    - (1)经络系统的组成
    - (2)十二经脉的命名及循行路线
  - 4. 病因
    - (1)六淫致病的共同特点
    - (2)六淫的性质、致病特性及常见病征

知识点讲解

试题解析

二、辨证施治

- 辨证施治
  - 1.诊法
    - (1)察口色
    - (2)切脉
  - 2.辨证
    - (1)八纲辨证
    - (2)脏腑辨证
    - (3)六经辨证、卫气营血辨证
  - 3.防治法则
    - (1)主要治则
    - (2)内治八法

知识点讲解　　试题解析

三、中药性能及方剂组成

- 中药性能及方剂组成
  - 1.中药性能
    - (1)四气五味
    - (2)升降浮沉、归经
    - (3)毒性
  - 2.配伍禁忌
    - (1)七情
    - (2)十八反、十九畏、妊娠禁忌
  - 3.方剂
    - (1)组成原则
    - (2)加减化裁

知识点讲解　　试题解析

四、解表药及方剂

- 解表药及方剂
  - 1.辛温解表药及方剂
    - (1)麻黄、桂枝、防风、荆芥、紫苏、细辛的主要功效及主治
    - (2)麻黄汤的组成、功效及主治；荆防败毒散、桂枝汤的功效及主治
  - 2.辛凉解表药及方剂
    - (1)薄荷、柴胡、升麻、葛根、桑叶的主要功效及主治
    - (2)银翘散、小柴胡汤的功效及主治

知识点讲解　　试题解析

五、清热药及方剂

- 清热药及方剂
  - 1.清热泻火药及方剂
    - (1)石膏、知母、栀子、芦根的主要功效及主治
    - (2)白虎汤的组成、功效及主治
  - 2.清热凉血药及方剂
    - (1)生地、牡丹皮、白头翁、玄参、地骨皮的主要功效及主治
    - (2)犀角地黄汤的组成、功效及主治
  - 3.清热燥湿药及方剂
    - (1)黄连、黄芩、黄柏、秦皮、苦参的主要功效及主治
    - (2)白头翁汤、茵陈蒿汤的组成、功效及主治；郁金散的功效及主治
  - 4.清热解毒药及方剂
    - (1)金银花、连翘、紫花地丁、蒲公英、板蓝根的主要功效及主治
    - (2)黄连解毒汤的组成、功效及主治

知识点讲解　　试题解析

六、泻下药及方剂

- 泻下药及方剂
  - 1.攻下药及方剂
    - (1)大黄、芒硝、番泻叶的主要功效及主治
    - (2)大承气汤的组成、功效及主治
  - 2.润下药及方剂
    - (1)火麻仁、郁李仁、食用油、蜂蜜的主要功效及主治
    - (2)当归苁蓉汤的功效及主治

知识点讲解　　试题解析

七、消导药及方剂

- 消导药及方剂
  - (1)神曲、山楂、麦芽、鸡内金、莱菔子的主要功效及主治
  - (2)曲蘖散、保和丸的功效及主治

知识点讲解　　试题解析

八、止咳化痰平喘药及方剂

- 止咳化痰平喘药及方剂
  - 1.温化寒痰药及方剂
    - (1)半夏、天南星、旋覆花、白前的主要功效及主治
    - (2)二陈汤的组成、功效及主治
  - 2.清化热痰药及方剂
    - (1)贝母、瓜蒌、桔梗、天花粉、前胡的主要功效及主治
    - (2)麻杏石甘汤的组成、功效及主治
  - 3.止咳平喘药及方剂
    - (1)杏仁、款冬花、百部、枇杷叶、紫菀、白果的主要功效及主治
    - (2)止嗽散、苏子降气汤的功效及主治

知识点讲解

试题解析

九、温里药及方剂

- 温里药及方剂
  - (1)附子、干姜、肉桂、小茴香、吴茱萸、艾叶的主要功效及主治
  - (2)理中汤、四逆汤的组成、功效及主治；茴香散、桂心散的功效及主治

知识点讲解

试题解析

十、祛湿药及方剂

- 祛湿药及方剂
  - 1.祛风湿药及方剂
    - (1)羌活、独活、秦艽、威灵仙、木瓜、五加皮、防己的主要功效及主治
    - (2)独活散、独活寄生汤的功效及主治
  - 2.利湿药及方剂
    - (1)茯苓、猪苓、茵陈、泽泻、车前子、金钱草的主要功效及主治
    - (2)五苓散的组成、功效及主治
    - (3)八正散的功效及主治
  - 3.化湿药及方剂
    - (1)藿香、苍术、佩兰、白豆蔻、草豆蔻的主要功效及主治
    - (2)平胃散的组成、功效及主治；藿香正气散的功效及主治

知识点讲解　　试题解析

十一、理气药及方剂

- 理气药及方剂
  - (1)陈皮、青皮、厚朴、枳实、香附、木香、砂仁、草果、槟榔的主要功效及主治
  - (2)橘皮散、越鞠丸的功效及主治

知识点讲解　　试题解析

十二、理血药及方剂

- 理血药及方剂
  - 1.活血祛瘀药及方剂
    - (1)川芎、丹参、桃仁、红花、益母草、王不留行、赤芍、乳香、没药的主要功效及主治
    - (2)桃红四物汤、红花散、生化汤、通乳散的功效及主治
  - 2.止血药及方剂
    - (1)三七、白芨、小蓟、地榆、槐花、茜草的主要功效及主治
    - (2)槐花散、秦艽散的功效及主治

知识点讲解

试题解析

十三、收涩药及方剂

- 收涩药及方剂
  - 1.涩肠止泻药及方剂
    - (1)诃子、乌梅、肉豆蔻、石榴皮、五倍子的主要功效及主治
    - (2)乌梅散的功效及主治
  - 2.敛汗涩精药及方剂
    - (1)五味子、牡蛎、浮小麦、金樱子的主要功效及主治
    - (2)牡蛎散、玉屏风散的功效及主治

知识点讲解

试题解析

十四、补虚药及方剂

- 补虚药及方剂
  - 1.补气药及方剂
    - (1)党参、黄芪、甘草、山药、白术的主要功效及主治
    - (2)四君子汤、生脉散的组成、功效及主治；补中益气汤的主要功效及主治
  - 2.补血药及方剂
    - (1)当归、白芍、熟地黄、阿胶的主要功效及主治
    - (2)四物汤的组成、功效及主治
  - 3.助阳药及方剂
    - (1)肉苁蓉、淫羊藿、杜仲、巴戟天、补骨脂的主要功效及主治
    - (2)肾气丸、巴戟散的功效及主治
  - 4.滋阴药及方剂
    - (1)沙参、麦冬、百合、枸杞子、天冬、石斛、女贞子的主要功效及主治
    - (2)六味地黄汤、百合固金汤的功效及主治

知识点讲解　　　试题解析

十五、平肝药及方剂

- 平肝药及方剂
  - 1.平肝明目药及方剂
    - (1)石决明、决明子、木贼的主要功效及主治
    - (2)决明散功效及主治
  - 2.平肝息风药及方剂
    - (1)天麻、钩藤、全蝎、蜈蚣、僵蚕的主要功效及主治
    - (2)牵正散、镇肝息风汤功效及主治

知识点讲解　　　知识点讲解　　　试题解析

十六、外用药及方剂

- 外用药及方剂
  - (1)冰片、硫黄、硼砂、雄黄、木鳖子、石灰、白矾、斑蝥的主要功效及主治
  - (2)冰硼散、青黛散、桃花散的功效及主治

知识点讲解

十七、针灸

- 针灸
  - 1.针灸基础知识
    - (1)针灸工具
    - (2)针灸穴位
    - (3)针灸操作
  - 2.家畜常用穴位
    - (1)马常用穴位
    - (2)牛常用穴位
    - (3)犬常用穴位
  - 3.家畜常见病的针灸处方
    - (1)马常见病针灸处方
    - (2)牛常见病针灸处方
    - (3)犬常见病针灸处方

知识点讲解

试题解析

十八、病证防治

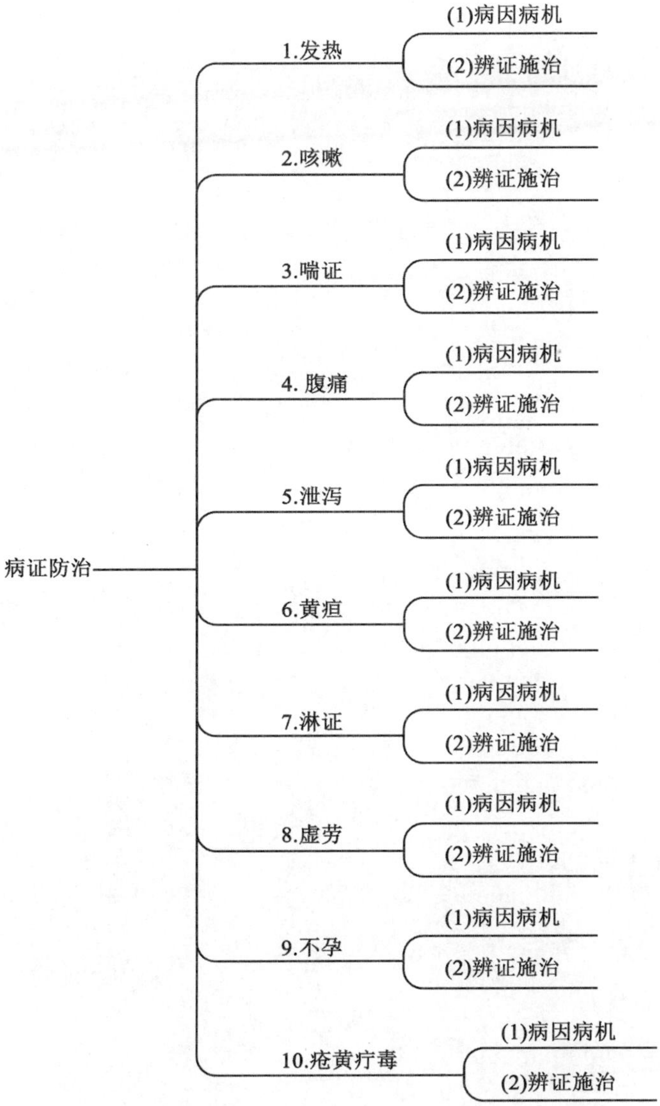

知识点讲解　　试题解析